竹木组合结构

研究与应用

STUDY AND APPLICATION OF BAMBOO-WOOD COMPOSITE STRUCTURE

熊君 陈强
沈搏 余方 ——著

 中南大学出版社
www.csupress.com.cn
·长沙·

图书在版编目(CIP)数据

竹木组合结构研究与应用 / 陈强等著. --长沙：
中南大学出版社，2024.10.
ISBN 978-7-5487-6021-4

Ⅰ. TU398

中国国家版本馆 CIP 数据核字第 2024V0G105 号

竹木组合结构研究与应用
ZHUMU ZUHE JIEGOU YANJIU YU YINGYONG

陈强 余方 熊君 沈搏 著

□ 出 版 人	林绵优	
□ 责任编辑	刘锦伟	
□ 责任印制	唐 曦	
□ 出版发行	中南大学出版社	
	社址：长沙市麓山南路	邮编：410083
	发行科电话：0731-88876770	传真：0731-88710482
□ 印 装	湖南省众鑫印务有限公司	

□ 开 本	710 mm×1000 mm 1/16	□ 印张 12.25	□ 字数 240 千字
□ 版 次	2024 年 10 月第 1 版	□ 印次 2024 年 10 月第 1 次印刷
□ 书 号	ISBN 978-7-5487-6021-4	
□ 定 价	58.00 元	

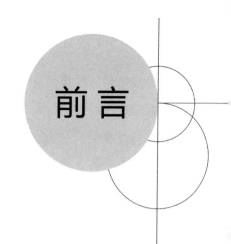

前言

近年来，竹木组合结构研究与应用进入高速发展阶段，轻型木结构、胶合木结构、竹集成材结构等现代竹木结构体系成为研究发展的主力。国家住房和城乡建设部先后也出台了政策文件，我国正大力提倡可持续发展、绿色节能建筑，建设生态文明城市，竹木组合结构研究与应用符合国家绿色节能的要求。竹木结构的发展是推动新时代高质量绿色建筑、健康建筑、可持续建筑、百年建筑、装配式建筑等发展，进一步推进新理念新成果，扩展绿色建筑内涵，对标新时代高质量绿色建筑品质，开展绿色城市、绿色社区、绿色生态小区、绿色校园、绿色医院创建。开展竹木组合结构制造工艺、工作机理和理论研究，目的是加大对竹木深加工与应用的研究，填补我国在现代竹木结构研究领域的不足，有利于制定和完善相应的竹木结构设计标准、施工装配化技术规范，拓宽工程竹木产品的应用范围，同时促进南方地区丰富的竹材产业和木材产业结构升级，带动其他产业链上相关行业的发展，并对当地生态环境保护和装配式竹木结构的发展具有重要意义。

本书总共 5 章，重点介绍了竹木结构发展与研究现状、竹木建筑及特点、竹木结构力学性能、竹木组合构件理论研究以及现代竹木结构应用实例。全书主要研究竹木组合结构制作工艺及工作机理理论分析，通过竹-木胶黏试件剪切试验、木材受压试验及竹集成材受拉试验，获得试验材料的力学性能参数；利用竹木组合梁、板的受弯性能试验及竹木组合柱的受压性能试验，研究其受力性能、木节分布影响及位移延性，提出竹木组合梁滑移理论并推导其承载力计算公式，进行经济分析，最后应用有限元分析竹木组合梁、板、柱的受力与变形情况，并与试验结果对比进而验证理论分析结果的准确性。本书的编写目的：一是使读者较全面地了解竹木组合结构的工作机理；二是为竹木组合结构投入工程实践提供有力的试验与理论指导。

本书在撰写过程中，得到了省、市相关部门的支持和我们研究团队成员的大力协助，其中湖南城市学院陈强（第1、3、4章）、湖南城市学院余方（第2章）、益阳市交通规划勘测设计院有限公司熊君（第5章）、中南林业科技大学研究生沈搏（第3章）撰写了相应章节。此外，杨棱、郎健珂、谢兴华、李先民、刘圣贤、俞静、谭聪、包燕敏、贺若男等同学参与资料收集和实验工作。同时本书得到了湖南省自然科学基金和开放实验项目的资助。另外，本书在编写过程中参考和引用了大量的国内外文献资料，在此谨向资料原作者表示衷心的感谢。

由于著者水平有限，本书难免存在不足和疏漏之处，敬请各位读者批评指正。

著 者

2024 年 5 月

目 录

第1章
绪　论

1.1　研究背景

>>>

　　竹、木作为绿色(生态)建筑材料,具有低碳环保、节能保温、抗震性好、建造快速等特点,它们可回收、可再生、可循环、轻质而坚固、加工方便,因此,其应用范围越来越广泛。现代竹木结构经先进、成熟的加工技术特殊处理后,克服了原有的缺陷与不足,凸出了美感,增强了性能优势,降低了成本。竹木材料所具有的绿色环保、施工便利、可靠性强等优势是引发业界关注与重视的真正原因,目前该建筑材料正朝着高负载、大跨度方向发展,达到的效果甚至可与混凝土、钢结构媲美。这得益于国民经济的高速发展,以及节能减排、绿色环保理念的深入人心,人们的环保意识进一步增强,自然对可再生、无污染、可循环使用的竹木结构给予了高度青睐。经过十多年的探索与发展,竹木结构的制备工艺体系已非常成熟,技术参数也得到了优化,因此成为了全球热销与广泛应用的一种建筑材料。竹木结构建筑在我国建筑中所占比例很小,发展现代竹木结构建筑符合绿色建筑和节能环保的要求,对高能耗、低产能的环境污染现状也有一定改善作用,符合我国绿色环保、可持续发展的需要,其研究与应用也是必要和可行的。

　　随着人们环保健康理念的不断升级,具有绿色建筑之称的低碳环保节能的竹木结构建筑逐渐为人们所接受,目前被动节能竹木结构建筑已悄然进入全国各地,得到了大力推广和应用。近年来,木结构研究与应用进入高速发展阶段,轻型木结构、胶合木结构、竹木结构等现代竹木结构体系成为发展的主力。国家住房和城乡建设部也先后出台了《建筑节能与绿色建筑发展"十三五"规划》《关于印发 2015 年工作要点的通知》《促进绿色建材生产和应用行动方案》和《关于进一步加强城市规划建设管理工作的若干意见》等文件。建筑是能源消费的三大领域（工业、交通、建筑）之一，为力争"在 2030 年前实现碳达峰、2060 年前实现碳中和"这一极其富有挑战性的目标，我国建筑领域为此做出了积极努力，不仅大力倡导开展绿色节能、低碳环保的建设活动，加快构建生态文明城市进程，全面推行装配式建筑体系，还制定并出台了各种支持性政策文件，旨在通过十年的努力与探索，将装配式建筑在建筑领域中的占比提高到 30% 以上，这也成为我国建筑发展的重要目标。我国人工林和南方竹林面积广大，竹、林木蓄积量位居世界第一，人工林木材和南方竹林资源非常丰富，我国更是有"竹子王国"的美誉。丰富的资源为发展装配式竹木结构建筑奠定了基础，可以广泛应用于公园、楼厅、别墅等低层公共建筑和民用住宅。竹木结构的研究应当顺应我国装配式建筑发展的要求，紧跟时代的步伐。

目前，学界主要从材料、构件、节点到整体结构等不同层面对绿色生态竹木体系开展系统研究，研究成果主要是针对木-混组合构件、钢木组合构件等的力学特性和结构协同工作机理，而针对竹木组合构件协同工作机理与设计方法以及竹木组合结构破坏形态的研究较少，特别是对竹片抗力与实木方纯压的组合构件工作机理的研究工作更是鲜有。因此，围绕南方楠竹和人工林樟子松或者南方马尾松等丰富的资源，开展以竹木组合构件结构制造工艺、工作机理与设计方法的研究具有一定的现实与理论意义。

本书拟对一种新型的竹木组合，即以零碎的小尺寸实木和竹片胶合成竹木组合梁、板、柱，进行力学加载试验（包括梁、板跨中抗弯试验和空心圆柱轴向抗压试验），探究竹木组合构件的制造加工工艺、力学性能，并进行数值模拟，建立竹木组合梁、板承载力的计算模型和计算简式，验证竹木两种材料协同工作的原理，以及试件在加载过程中破坏形态、挠度、承载力、抗弯刚度和应变的变化情况，为新型竹木组合梁、板、柱的应用提供试验和理论依据。

1.2 竹木资源利用现状

>>>

竹子分布范围相对较广，其中亚太地区、非洲和美洲的种植规模最庞大。目前，全球竹林种植面积已超过了 2200 万公顷。我国拥有丰富的竹资源，栽培历史悠久，中国地处世界竹子分布的中心产区，竹林种植规模居全球榜首。相关数据资料显示，我国竹林种植总规模超过了 500 万公顷，占全球 25% 左右。其中毛竹林总面积为 300 万公顷，毛竹蓄积量 52.61 亿株。全国有竹林分布或栽培的省（区）达 27 个，被誉为"竹子王国"。竹是与人们生活密切相关且集多重功能为一身的植物,在养护水土、净化空气、碳中和等方面发挥着举足轻重的作用。不仅如此,竹子四季常青,形态多样,观赏性较强,成为了园林绿化的优选对象,也为人们打造了良好的休息、文化娱乐场地。

竹子的生长周期相对较短,基本只需 4~6 年的时间就能成型。当前,我国竹林的开发使用率过低,还不足 10%。竹子作为易获取、价格低廉的环保型建筑材料,其应用历史可谓源远流长,在古代就已得到了广泛应用,宋代李诚所著《营造法式》和清代李斗所著《工段营造录》中均对竹结构在建筑领域应用的可行性给予了肯定,古代文人对它的价值与功用也给予了很高的评价。实际上,竹子不仅具有很强的观赏性,还被广泛应用于园林绿化、工艺品等相关行业。竹子是一种可再生能力强的绿色环保材料,最突出的特点是韧性强、硬度高、抗压和抗拉能力强,可制备成承重构件,也可用来作为装修材料,比如建筑领域较为常见的天花板、墙体、门窗等。受自然条件影响,竹材截面尺寸的力学性能较差,而且还有易燃、易受虫蛀等不足,所以在建筑领域并未广泛应用。得益于国民经济的快速发展和高科技工艺水平的大幅提升,竹材经特殊处理后不仅攻克了原有不足,其力学性能也达到了建筑要求。即便如此,竹材仍未在建筑领域尤其是大跨重型工程领域实现规模化普及与应用,目前仍主要应用于服务业和加工业。

相关资料显示,我国人工种植林面积高达 6933 万公顷,位居全球榜首。尽管林资源丰富,但是人均森林面积占比却非常少,木材资源的使用率也未达到预期水平。由于树木的生长周期长,大直径的木材资源较少,跟不上木材工业的发展。为保护森林资源,营造良好的生态环境,我国做出了积极的努力,不仅全面推行"天然林保护工程"建设,还出台诸多政策文件禁止森林砍伐,但这在某种程度上弱化了木材供应能力,不免加剧了供需矛盾。

为了从源头上满足木材需求,我国提高了木材进口比重,短短 10 年的时间进口量就由 1998 年的 482 万 m^3 急剧增长至 2007 年的 3713 万 m^3,上涨了将近七倍。我国木材大量进口,引起国际上对中国的强烈谴责,依靠木材进口不容乐观。不仅阻碍了我国经济发展的速度,还弱化了竹木产业的转型能力,导致产业发展无良好体系支撑。

自进入新时代以来,伴随着国民经济的迅猛发展,人们的生活观念和生活方式发生了本质性改变。同时,国家基础建设对林产品的需求日益增大,导致原本就吃紧的木材供应雪上加霜。因此,大力发展人工林和人工竹林、发挥人工竹和林的利用率是解决目前主要矛盾的方法,应大力发展装配式竹木建筑,解决我国竹木资源的利用问题。

1.3 国内外研究现状 >>>

1.3.1 竹结构的研究现状

竹早在原始社会就成为了一种建筑材料,经过几千年的积淀与发展,竹结构形式愈发多样。例如,远古时期的干栏式建筑便展现了竹结构的独特魅力;四千年前建造的傣族竹楼[图1-1(a)]仍保留至今,和越南的原竹竹伞咖啡厅[图1-1(b)]一同彰显了我国和世界人民的建造智慧。

(a) 傣族竹楼

(b) 越南竹伞咖啡厅

图1-1 竹结构建筑

目前,我国科技工作者利用竹材已开发一系列竹结构产品,包括原竹、胶合竹(集成竹)、碳化竹、竹缠绕管等,如图1-2所示。

湖南大学肖岩首先对竹材力学特性等进行了基础性的研究,得出竹材的强度、弹性模量等力学参数,进而对现代竹结构的力学性能及应用基础进行了广泛研究。肖岩等多位学者以格鲁斑胶合竹为研究对象,对其力学性能进行了综合且细致的测试,掌握了其抗压强度、弹性模量等关键指标,获得了较高拟合度的抗

(a) 原竹

(b) 胶合竹

(c) 碳化竹

(d) 竹缠绕管

图1-2 主要竹结构产品

拉强度和弹性模量，并绘制出了相适应的指数拟合曲线，最后与其他构造的容许设计应力逐一进行了对比，结果证实格鲁斑胶合竹具有良好的力学性能，达到了建筑结构要求。2009 年，单波等将胶合竹板作为研究对象，采用现代工艺将其建造成现代竹结构人行桥梁，并围绕成型工艺和力学性能进行了研究试验，证实了纤维增强复合材料(FRP)的高可靠性，不仅大幅提高了竹梁强度，还对竹梁的力学性能进行了整体优化，可满足当代人行桥的建设要求。

日本的竹子利用已有上千年的历史，直到现在竹材在日本建筑中依然随处可见。Hiroyuki Kinoshita 等相关学者以最大化利用自然资源为切入点，将树脂、竹纤维和木片作为主材料，制备出了绿色复合材料，并对该材料的弯曲、冲击这两项性能指标进行了分析。日本学者 Cyril Oknio 针对竹段弦向受压、受弯及竹条受拉情况进行了研究，研究结果表明，这 3 项性能指标均满足力学要求。Anwar 将生长满 4 年的竹材制备成竹条并开展研究性能，同时对其破坏模式进行了着重分析。结果表明，相较于绿色材料，气干后竹条材料的各项力学指标更优；由于破坏模式的影响，竹条底端横隔出现了断裂，也出现了横向拉裂(典型的局部破坏)，并且具有改善的可能性，因为其只有抗剪性能不如木材，其他测试参数的性能均趋向甚至高于木材或钢材；经过深入研究发现，含水量过大的竹材整体性能较差。陈溪等分析总结了竹材的力学性能及其在土木工程中应用的研究进展。张叶田以竹集成材和竹指接集成材为对象，分别对两者的力学性能进行了研究与分析，表明竹集成材抗拉强度和抗压强度均优于竹指接集成材。张秀华等研究了重组竹的受压、受弯力学性能，得到其顺纹抗压、抗弯强度和弹性模量。国外学者也对竹结构展开了广泛且深入的探讨与研究。2011 年，以 Ting Tan 为首的科研团队主要针对梯度竹材结构的力学性能展开了试验研究，同时为保证试验研究的严谨性与专业性，还专门构建了相应的数值模型。2018 年，Matthew Penellum 明确表示竹集成材可用作纤维增强复合材料，于是开展了一系列试验，并将获得的纤维体积分数结果与弯曲试验结果作了全面对比与分析。研究表明，纤维体积分数是非常重要的一项指标，以此为依据可对竹梁刚度进行客观、真实评估。2019 年，Suzana Jakovljević等多位学者围绕湿度与毛竹属性参数间的关系变化展开了全面且系统的研究，并根据试验数据构建了基于湿度工况下的参数预测模型。

在材料研究的基础上，学界针对竹材构件(竹混构件)进行了研究，取得不少成果，包括静、动力特性，以及构件的疲劳特性、开裂特征等。2011 年，陈国在开展的试验研究中，将规格为 2.44 mm×3.66 mm×2.6 mm 的单层竹结构房作为对象，在 34 个工况下分别进行了振动台试验和推覆试验，从而精准掌握该结构的力学特性，深入了解其破坏机理。研究表明，这种框架的房屋达到了抗震级别，也就是意味着采用这种结构建造房屋是完全可行的。2014 年，魏洋利用新技术、新工艺专门制备了筋竹结构,并以筋竹类型和筋竹面积为参数对象,通过四点弯曲试验,对该试件的承载性能及破坏机理展开了全面且深入的研究。结果表明,该试件不仅具有良好的承载性能,还达到了理想的刚度要求,关键是筋材和竹材能高效地协同运作。2016 年,以苏毅为代表的科研小组将 15 个竹集成材简支梁作为对象,对其整体受弯性能进行了综合测验。结果表明,其顺纹单轴压应力、应变一开始呈线性关系,之后则演变为非线性关系,而且顺纹抗拉强度明显比顺纹抗压强度大。2017 年,唐卓将跨度作为量化指标,构造了 3 组共 30 根长度不一的胶合竹 I 形搁栅梁,并在该梁所有位置均设置了指接,由此对其静力变化情况进行了研究与分析。结果表明该梁具有良好的力学性能,并且抗弯强度达到了现行规范要求。2018 年,黄东升以重组竹为对象进行了 ENF 断裂试验,结果表明,它具有良好的韧性特征,其断裂韧度比普通木材高出 2 倍多。李玲以竹木复合层合板为对象,对其断裂损伤行为展开了系统且全面的探讨与研究。周泉针对胶合竹梁的疲劳性能进行了试验研究,结果表明,该试件具有良好的抗疲劳性能,刚度和极限强度均出现略微下降。国外学者 Tadashi Kawai 将竹与混凝土制成板和梁,置于室外分别进行暴露试验和弯曲试验,结果表明竹加筋混凝土是完全可行的。Lawrence Gyansah 对原竹段的轴向受压性能进行了试验研究,证实了有节构件的整体承受性能更优,竹材的压屈破坏模式主要集中在竹节以上的结论。Arce-Villalobos 通过大量实证研究发现,原竹外壁比内壁的抗拉强度更高,而且竹节部位的强度为竹间的 80% 左右,且发现 1.2 m 长构件的强度主要为 27~32 MPa,相对较短的构件强度主要集中于 51.8~82.8 MPa。张苏俊等开展了 6 根重组竹工字梁抗弯试验,考察其破坏模式和抗弯承载力特性。肖纲要等对重组竹抗弯试件进行了力学性能试验。杨永民等多位学者选用了较为经典的四分点集中力加载法对竹筋多孔混凝土的抗拉特性展开了试验研究与全面分析。龙勇等对 3 块配筋率不同的竹筋板进行均布荷载下的抗弯试验及相关材性试验。钟永等在 20~22.5 ℃下对 104 个竹层积材试样进行三点静态抗弯测试。马欣欣等对竹材和竹质工程材料的蠕变研究现状进行归纳总结,为竹结构建筑的安全设计提供了理论参考。

此外,Anuj Kumar 等研究了商业用工程竹编织物的机械性能,主要调查了竹纤维密度对机械性能的影响,使用 3 种不同密度的样品评估拉伸、压缩、剪切和弯曲的强度和模量,表明密度对竹的机械性能有重要影响。以上研究表明,不管是集成竹,还是重组竹、竹混等组合构件,竹材的抗压、抗拉性能好而且稳定,且竹材力学性能均比木材好,证明竹材作为结构材是可行的。

1.3.2　木结构的研究现状

西方木结构可以追溯到古希腊、古罗马的木结构建筑,但北美的木结构建筑则兴起于 16 世纪资本主义萌芽时期，当时的建筑实际上与传统木结构存在本质上的不同。经过几百年的探索与发展，伴随着锯木厂和圆锯的成功问世，人们在机械工具辅助下产出了大规模的标准材，由此推动了轻质框架结构的发展进程。相关资料显示，早在 1833 年，国外科研学者就通过大量试验研究设计出了一种被命名为"芝加哥房屋"的轻质木框架房屋。这种房屋集多重优势于一身，具体表现为结构紧凑、施工简便、使用舒适并经久耐用。这种始于 19 世纪和 20 世纪早期的木结构住宅至今仍是美国住宅中的主流。轻质木框架房屋在当时受到了人们高度青睐与广泛应用，但随着技术的进步、工艺水平的提高，科研学者们又打造出了可靠性更强、施工更便利的平台框架房屋。人们在构造房屋时有了更大的选择空间，可自行选择平台或轻质框架。进入 20 世纪 40 年代后，平台框架成为了最常见、最普遍的一种构造方式。到了 20 世纪 50 年代，美国开始在重型工程木结构领域进行研究，经过多年的发展，攻克了相关设计、制造和关键技术上的难点。当前对于跨度大于 6 m 的桥梁，采用木结构打造而成的桥梁占比高达 12% 以上，而且每年在建项目还比较多。这是因为木结构材质的承载优势极为突出，不仅具有提前警示功能，还存在使用期限长、安全水平高等优势，因此引发了全球各国的争相探讨与全面研究。因为西方发达国家的林业资源丰富且形成了较为完善的林业管理体系，所以木材原料能够满足供应需求。不仅如此，他们在很早之前就对木材产品展开了深入、积极的研究，无论是加工技术还是实践经验都处于国际水平之上。西方发达国家推出的层压胶合木、木基复合材料等产品既保留了传统的自然属性，又弥补了缺陷与不足，从而有效保证了材料的力学优势，实现了应用领域的大范围扩大。客观来讲，丰富的原材料资源、先进的加工处理技术及完善的行业监管体系为现代大跨木结构实现广泛普及与应用创造了良好的条件。近些年来，发达国家建造了各种形式的现代大跨度重型木结构，既达到了预期建设要求，又提高了审美水平。这些结构在使用多年后经专业机构评测仍保持良好的性能优势，真正实现了建筑目标，形成了较成熟的技术体系，获得了多项专利。得益于林业的迅猛发展、木材加工技术的持续改进与全面完善以及各种木材产品的诞生与发展，木结构建筑的整体发展进程从源头上加快了。当前，北美地区仍对木结构情有独钟，90% 以上的住宅是基于这种结构建设而成的，很多低层商业建筑同样也采用了这种结构。

我国开发的一系列工程木产品主要有原木、胶合木（梁、板）、正交胶合木等，如图 1-3 所示。胶合木（glued laminat timber，简称 Glulam）又称单板层压集成材，实际上是用冷固化型胶结剂将实木锯材黏结而成的一种结构材料。正交胶合木（cross-laminated timber，简称 CLT）是由相互交错的层板胶合而成。

(a) 原木

(b) 胶合木（梁、板）

(c) 胶合木空心圆柱

(d) 正交胶合木

图 1-3　主要结构工程木产品

木结构是最具有中国特色的一种主流建筑。从古到今，木结构建筑得到了长足的发展，如图1-4所示。经过几千年的演变与发展，榫卯连接梁柱的框架在唐代趋近成熟。宋代著名学者李明仲在《营造法式》中，分别从建筑、施工这两个角度对木结构体系进行了全面、细致的阐述与介绍，不仅向我们展示了当时建筑体系的风格面貌，还为我国建筑史学乃至文化遗产保护产业的高效发展奠定了基础。到了20世纪90年代，为保证现存不多的古建筑仍能完美地展现与传承，我国专家学者采取了可行且有效的修复措施，与此同时，也引发了国内学者对古建筑力学性能的探讨热情。其中，以俞茂宏为代表的科研团队主要针对古建筑的力

(a) 应县木塔

(b) 北京太和殿

(c) 匈牙利Pancho足球学院体育馆

(d) 日本超高木建筑W350项目效果图

(e) 挪威treet大楼

图1-4　木结构建筑

学特性展开了系统性探讨与研究，但对现代木结构的研究基本处于空白状态。刘伟庆等多位学者主要针对加工处理后的相关构件进行了受弯性能试验，并着重分析了其主要影响因素。叶克林通过大量试验研究证实了落叶松的战略意义及研究价值。赵秀、王朝晖这两位学者阐明了落叶松的基本特性，还对胶合木制造技术进行了全面研究。2012 年，熊海贝等多位学者经大量试验研究发现，相较于 T 形和工字形这两种形式梁，木质工字型组合梁的承载性能和刚度明显更优，该研究为轻型木结构在我国的大力推广奠定了基础。2013 年，周华樟针对胶合木曲梁的纯弯曲区横纹应力变化情况展开了广泛研究。在此之后，国内学者张晋以拱形张弦胶合木梁结构为对象，分别基于受力性能和破坏形态这两个方面进行了试验研究，同时采用备受学术界主流人士认可与青睐的无损检测法对木构件的抗弯承载力进行了综合评估，并在此基础上，利用构建模型提出了可有效判别体外预应力胶合木梁抗弯性能的技术方法。2016 年，曹磊以落叶松胶合木梁为对象，对其等幅疲劳及静力状态两方面进行了试验研究，并对获得的结果进行了对比分析，证实了落叶松胶合木梁更可靠、更安全。2017 年，祝恩淳在开展的研究中专门构建了功能函数，并分别从受弯、受拉和受压三个角度进行了木材可靠性分析，同时对不同负载下的木材强度设计值进行了优化调整。

到了 20 世纪 80 年代，西方国家的一些专家学者对木结构展开了更深入、更全面的研究，Ricardo O. Foschi 通过大量试验研究提出了可准确计算不同负载下的结构可靠性的方法，具体来讲，先利用损伤累积模型确定出负载效应的持续时间，然后在此基础上结合结构分析，待预期使用寿命完结时计算出可靠性。Lindt 等多位学者采用当前颇受业界人士推崇与青睐的增量质量分析方法（IMA）对木框架结构的抗震性能进行了针对性研究，以验证这种结构是否达到了安全标准。SONG Xiaobin 针对全尺寸木梁的纵向性能进行了试验研究，并将由此生成的结果与模拟结果进行对比分析，以客观、真实地判定自攻螺钉影响。Buan Anshari 通过大量试验研究提出了一种可显著增强胶合木梁的方法，也就是当前使用较为广泛的压缩木材（CW），实际上它是由低级木材加工而成。

丹麦学者 Christian Odin Clorius 通过大量实证研究分析，确定了低湿度环境下疲劳寿命与频率之间的关系，并提出高湿度条件下的 Damaged Viscoelastic Materials（DVM）模型，依托现有理论成果，构建了相适应的疲劳寿命预测模型。Hansen 采用四点弯曲疲劳试验研究了 2 m 长欧洲云杉的疲劳性能，结果表明，在纹理角度不断增大的情况下，试件的疲劳性能随之下降。Enam 等对 20 英尺的 T 形 SCL 桥梁纵梁（LVL 和 PSL）进行了疲劳与静载对比试验，发现纵梁能在 60 年的使用寿命内保持良好状态而不被破坏，其强度和刚度下降不明显。Thompson 等对 OSB、Chipboard、MDF 三种木结构的疲劳性能进行了系统性对比与分析，发现在同等应力情况下，它们的整体表现如下：MDF＞OSB＞Chipboard。David 等经大量实证研究证实，不受边界约束的部分增强胶合木梁的抗疲劳能力非常低。Liu 专门构建了与研究对象特点相适应的疲劳强度数学模型，该模型能对不同载荷下的木结构疲劳断裂情况进行精准评估。国内学者程羽研究发现，WPC的最大应力值与循环寿命的对数值呈线性关系，疲劳裂纹沿木纤维方向扩展。

与国外相比，我国对木材断裂力学的探索与研究起步较晚。1988 年，鹿振友发表了国内首篇与木材断裂力学应用相关的研究；在此基础上，孙艳玲、任海青等多位学者展开了更进一步的探讨与研究；邵卓平不仅对木材顺纹及横纹断裂机理进行了详细阐述，还阐明了断裂的形成原因，最后对木材的断裂韧度进行了检测与分析。上述研究得出了原木、胶合木、正交胶合木在不同环境和受力状态下的力学规律和计算模型，三种木结构均有较好的力学性能和可靠性，这为木材应用研究奠定了试验和理论依据。

1.3.3　竹木组合结构的研究现状

木结构建筑形式多样，竹木组合结构是依托最新的胶合工艺，通过对竹材和木材这两种基础材料的深加工处理而制成的一种建筑材料，其归根结底就是一种同时融合了两种材料优势性能的组合材料。

20 世纪 90 年代，我国学者才开始对竹木组合结构展开探索与研究。其中，张齐生教授团队以速生材毛竹和马尾松为主要材料，通过技术加工制造出了竹木复合集装箱底板，围绕它的结构性能展开了试验研究，包括组合结构的材料特性、连接方式、生产工艺及构件的静、动力特性等，取得了一些成果。原天津胶合板厂与科研检测人员联合试制了竹木复合胶合板，明确表示依托最新工艺和专业设备可制备出强度可与 JAS 构造相媲美的竹木复合胶合板。西南林学院的专家学者们针对密度纤维板的工艺条件展开了针对性探讨与研究。国内学者吕雁围绕竹胶合板矩形梁的力学性能进行了试验研究。张齐生以毛竹和马尾松为原材料，结合最新理论成果，分别基于结构和性能两方面对竹木复合集装箱底板展开了深入探讨与研究，结果表明其综合性能强于阿必东胶合底板。天津福津木业有限公司的何翠花制作出了竹木复合胶合板，并对其胶合强度、静曲强度及弹性模量进行了测定，结果表明竹木复合胶合板的性能满足现有的强度要求。蒋身学等利用复合材料力学层合板理论对竹木复合层积材进行了试验，物理、力学性能的测试结果表明该地板性能优于松木地板。西南林学院的吴章康等对木材和竹材为混合原料制成的竹木复合中密度纤维板进行了物理力学试验，运用单因素试验法测试竹木纤维混合比、压缩比、筛分值与 BW-MDF 性能的关系。周军文等研究了竹木框架结构节点在地震作用下的力学性能。苏毅等针对传统竹木框架抗侧性能不足的特点，提出一种交叉预应力竹木框架，进行了低周反复试验和有限元弹塑性分析，然后对竹集成材简支梁进行了抗弯试验。Yoshiaki Amino 对竹木组合梁的概念和特点进行了详细阐述，同时通过长期荷载试验掌握了竹筋与徐变之间的关系。单波等提出了具有显著优势的复合式凹槽连接方式。陈林等研究了竹-木-GFRP 夹层梁的受弯性能。虞华强等利用 ANSYS 有限元软件模拟表层和芯层厚度不同的竹木复合地板的翘曲变形。高黎等根据三种不同结构的竹木组合预制墙体构件，对其保温、空气隔声性能进行了测评。陈国等提出一种以竹集成材为翼缘、OSB 板为腹板的竹木箱形组合梁，进行四点弯曲试验研究。虞华强等多位学者利用 ANSYS 对竹木复合地板进行了模拟分析，结果显示，相较于内部木材，表层竹材受湿度影响更明显，而且芯层厚度与翘曲度存在较为显著的线性关系。在此之后，陈国等多位学者以深加工处理制备而成的胶合竹-木工字梁为对象，对剪跨及加劲肋的影响展开了试验研究，证实了剪跨比与极限承载力呈显著负相关，但加劲肋与极限承载力呈显著正相关，而且 OSB 板具有抑制孔洞开裂的特性。许清风等多位学者通过大量试验研究进一步证实了特殊加固处理后的木梁，其极限承载力显著增强，但 U 形箍的加固效用不显著。Sinha Arijit 等多位学者研究了竹木混杂胶合木的弯曲特性和剪切特性，进一步验证了层合竹材应用于胶合木梁中的可靠性，同时发现异氰酸酯基树脂具有良好的黏结性。Viviana Paniagua 等多位学者对工字梁组合结构的弯曲特性展开了针对性的试验研究，对各项指标数据的分析表明，该试件具有良好的力学性能，达到了结构设计要求，可应用于建筑行业。以郭楠为代表的科研团队以竹板增强胶合木为对象，对竹板与胶合木梁抗弯性能间的关系展开了系统性研究，证实了粘贴竹板可大幅增强抗弯承载力，对于层数比较多的竹板，尽管其不会出现受拉破坏，但会产生通缝破坏，从而导致承载力持续下降。模拟分析可知，竹板厚度与梁高间的比值只有合理地控制在 0.28 左右才能达到理想性能要求。张心安等人对竹材增强单板层积材弯曲性能的研究表明，竹木复合材料的结构对产品性能有重要影响。吴章康、张宏健、黄素涌等人研究了竹木纤维混合比、压缩比和纤维筛分值等工艺条件对竹木复合中密度纤维板性能的影响，结果表明，在合适的工艺条件下，可以生产出具有优良性能的竹木复合中密度纤维板。左晓秋等人对竹材增强南方松 OSB 板力学性能的研究表明，竹木复合 OSB 板的静曲强度和弹性模量均得到了提高。李玲等人研究了在疲劳-蠕变交互作用下竹木复合层合板的断裂损伤行为，结果表明随着蠕变时间的增加，层合板的断裂寿命缩短。韩健对两边简支、两边自由时的竹碎料-木纤维复合板的弯曲挠度特性进行了研究，并构建了它的挠度函数模型。冷予冰等设计制造出一种胶合竹-木梁并证明可降低自重和降低工程竹用量。张齐生等发明了一种新型的竹木复合胶合板，经过实践获得了世界级航运公司的认可，在满足强度要求的情况下降低了成本，同时也满足了环保节能的要求。吴宜修发明了一种竹木复合方柱，经试验可得其强度和抗压模量均有所提高。刘圣贤等研发了一种竹筋实木组合板并进行了试验，将竹材与木材的优点结合起来，大大提高了竹材和木材的使用率及竹木复合材料的使用范围。郎健珂等对竹-短木组合梁进行了试验测定，发现其能够有效地降低制造所需的成本。陈国等对竹木组合工字梁进行了研究，发现采用加劲肋能对工字梁的极限承载力和极限位移都有着较大的提升。王云鹤等对预应力胶合木梁进行试验分析，可以发现在采用竹木组合之后，其承载力有了较大的提升。

国外方面，Jaspreet Grewal 学者通过实践研究分析发现，新鲜竹子不仅强度低，而且弹性模量也低。Polensek 等在计算机上模拟木螺柱墙壁的强度和刚度分布，结果表明，模拟的墙壁预期均能承受超过 100 年的风负荷。Xu Edward 利用木质材料和竹材料，通过压力机将竹材紧压在木质棒芯外侧面，制成复合竹木棒，减少木材消耗的同时增强耐磨性能。Rahman 等使用竹垫、木单板和尿素甲醛树脂制造高强度竹席木单板胶合板，通过比较竹席木单板胶合板、竹席胶合板及木单板胶合板的物理性质、密度、含水量、吸水率、厚度膨胀和力学性能，证明了竹席木单板胶合板具有较强的物理性能和强度。日本学者依托现有技术手段通过深加工处理制备出了复合纤维板，并对其拉伸强度进行了测定。同时，将黄麻纤维、竹纤维和木纤维以标准比例进行复配，基于不同比例条件下，对板材力学性能的变化特点进行详细分析，证实了竹纤维比例与 MOR 呈显著正关联的结论。不仅如此，学者们还研发了高可靠度的纤维干燥设备，同时为便于试验研究的顺利开展，还专门设计了纤维板胚成型设备。张莉等还利用木纤维、竹纤维和细竹丝制造复合板，应用有限元法对应力进行全面、有效的分析，发现应力分布与表层、核心层分布比例存在直接关联。Xu H P 等在木单板中加入竹和黄麻制成强化胶合板，发现竹材在 45°方向上的强化效果良好，有利于提高胶合板的抗弯抗剪性能。Alfredo S. Ribeiro 学者通过试验研究提出了两种可行且可靠的增强法：一种是通过黏接玻璃纤维与胶合木制备出一种新组合结构；二是将玻璃纤维板黏于胶合木下表面，并与传统胶合木梁的性能变化进行对比，对增强处理后的木梁整体性能进行评价。Manalo 通过加工处理制备出了胶合夹层梁，对夹层数量、部署方案、性能变化等影响进行了全面的分析。Ferrier 则通过理论分析及有限元分析，深入地研究了该种组合梁的抗弯性能。

综上所述，对竹木纤维、竹木组合构件、木构件等进行各类力学试验研究的结果表明增强竹基能提高竹木构件力学性能，但是对竹-原木组合结构的研究较少且缺乏工程应用实例，试验及理论研究还有待进一步完善。

第 2 章
竹木建筑及特点

2.1 圆竹建筑 >>>

2.1.1 圆竹建筑的介绍

竹建筑主要为圆竹结构建筑,圆竹结构建筑具有悠久的历史,在距今 7000 年至 5000 年前的河姆渡遗址,我们的祖先就开始利用圆竹和其他天然材料一起修建房屋。直到今天,许多国家的人们仍然保留着传统圆竹结构建筑,比如哥伦比亚的咖啡农场竹屋、中国的干栏式竹屋(图 2-1)等。传统圆竹结构建筑多数没有建筑师和工程师参与建造,是当地人根据祖辈传下来的经验进行搭建的。

图 2-1 干栏式竹屋

1. 巴厘岛竹屋别墅

巴厘岛是世界闻名的旅游海岛，在巴厘岛的阿勇河旁有一个绿色村庄，设计师伊劳拉·哈代在这里设计了一栋栋竹屋别墅(图2-2)。

图2-2　巴厘岛的竹屋别墅

巴厘岛本是一个热带天堂，伊劳拉·哈代设计了这些具有传统工艺、全部采用自然资源建造的环保建筑物，形成了一座完全用竹子建造起来的村庄，村庄里有别墅、住宅，还有一所闻名全球的竹子学校。在这里，竹子可以做成任何东西，伊劳拉·哈代将人类的巧思用到了竹子上，让设计出的建筑拥有了无穷的魅力。

伊劳拉·哈代一心想要用竹子来震撼整个巴厘岛，乃至热带的建筑行业。她说："竹能建造出最美丽、最独特、最舒服、最安全、最奢华的房子。"

这些用竹子建造出来的建筑更能与周围的景观融为一体，显得非常漂亮。伊劳拉·哈代不仅用竹子作为建筑材料，还将整个家具、地板、装饰品、餐桌等全部采用了自然清新的竹子来制作(图2-3~图2-4)。有一部分竹子有着混凝土和钢一样的抗压强度，并且更加具有柔韧性，能制造出自然流畅的各种造型，很具艺术性。

图2-3　竹屋内部结构

图 2-4　竹屋外部图片

2. 墨西哥竹艺——Luum Temple

位于墨西哥图卢姆市新兴旅游地的 Luum Temple（图 2-5）是 Luum Zama 社区的一个迎宾空间。这座由竹子建造而成的开放式建筑可举办包括瑜伽、冥想会和研讨会等各种各样的活动。建筑结构上相互支撑的五个拱门，代表着社会上相互依存和合作所取得的成就。其整个施工过程由参数化建模指导完成，为这种可以持续在邻近的恰帕斯州种植的传统建筑材料创造了新的可能性，增强了人们在图卢姆及其周边脆弱的生态环境中寻求可持续发展方式的意识。

Luum Temple 属于墨西哥图卢姆市 Luum Zama 新住宅开发项目的一部分。此建筑使图卢姆市人气飙升，带来了许多寻求合作的开发商，其中不乏许多违反规章制度清除现有丛林的开发商，但 Luum Zama 新住宅开发项目将其中 8 公顷土地的一半用于保护现有植被，同时利用该地区的特有植物实施了一项造林计划。Luum Zama 新住宅开发项目的总体规划是由 CO-LAB 设计的，他们热衷于增强人们对保护该地区自然资源的紧迫性及对建设的监管意识。

Luum Temple 坐落于项目中心的一片只能步行到达的原始丛林保护区域，这里安静的自然环境，非常有利于人们在快节奏的生活中平静下来。当柔和的微风轻轻拂过丛林的树梢和开放式的建筑结构时，其斑驳的光影也变得富有生机。开放式的五面悬链线结构可用于举办各种各样的活动。

Luum Temple 是由竹子制成的五面悬链线结构，其灵感来自菲利克斯·坎德拉的悬链线钢筋混凝土建筑立面工程，其弧形拱顶在结构上相互支撑，相互依存。扁平的竹段在现场被弯曲并组装在一起，再由螺丝拧紧并捆扎在一起，最终所有单个编织的竹元素一起发挥作用。

图 2-5　墨西哥竹艺——Luum Temple

2.1.2　圆竹建筑的特点

（1）竹子的外形像一个长的圆柱体，通过一些韧度很强的纤维连结而成，中间的空心结构又减小了竹子的质量。竹子纵剖面的几何结构具有十分明显的梯度功能结构特性，这一种梯度功能结构是为了适应大气中的风荷载。

（2）竹纤维的强度可以达到 600 MPa，这是基层强度的 12 倍。

（3）竹茎纵剖面的纤维分布是分层的，外部区域的纤维分布十分密集，但是内部就很稀疏。这样的分布结构是梯度功能结构的一个典型结构，也可叫作微型的梯度功能结构。

（4）竹产品低碳环保，可持续发展，保护森林，为社会环保事业作出了重大贡献。

（5）竹建筑性能稳定，南北兼宜，其刚性和韧性都很强，纤细空灵。

（6）竹产品是文人气质产品，是东方美学典范。

2.2　现代竹建筑 >>>

　　近年来，由于经济的发展和人们生活水平的稳步提高，人们更加重视居住环境、天然、无污染、环境友好的竹结构建筑备受青睐。现代竹结构最大的优势在于有丰富的原材料来源且竹材的强重比高，更适合生产结构用材，所以合理地开发竹资源，对发展竹结构建筑具有重要的现实意义。我国日趋成熟的竹材人造板加工技术和重组竹加工技术为竹材从天然传统建筑材料向现代工程建筑材料的转变提供了相应的技术支持，这些都为现代竹结构在我国的发展奠定了坚实的基础。

2.2.1　现代竹建筑的介绍

　　1. 竹结构用材

　　1）竹材人造板

　　竹材人造板是以竹材或竹材废料为主要原料，经过物理化学处理和机械切削，加工成各种不同形状的构成单元，再经过施胶、加压作用而成的各种人造板材。它基本上消除了竹材本身所具有的各向异性、材质不均匀及易开裂等缺点。它主要分为以下几种类型。

　　（1）竹胶合板。

　　竹胶合板主要包括竹编胶合板、竹帘胶合板、竹帘竹席胶合板及竹材胶合板等。其中竹编胶合板是以竹篾纵横交叉编织的竹席为构成单元，通过施胶热压而成的一种竹材，即人造板；竹帘胶合板是以纵横交错的竹帘组坯，通过浸胶热压而成的一种结构材料；竹帘竹席胶合板是以竹席为面层材料，以纵横交错的竹帘组坯为芯层材料，经干燥、浸胶、组坯、热压胶合而成的一种板材；竹材胶合板是以带沟槽的等厚竹片为构成单元，按相邻层相互垂直组坯成对称结构的板坯，热压胶合而成的一种竹材——人造板。这些竹胶合板都具有强度高、刚度好、经久耐用等特点，在现代住宅结构建筑中，可用作屋顶和外墙覆面、楼面底板、楼面及装饰面板等。

　　（2）竹材刨花板。

　　竹材刨花板也称竹材碎料板，是将杂竹、毛竹、竹梢头或枝丫等原料，经辊压、切断、打磨成针状竹丝后，经过干燥、喷胶、铺装和热压工艺制成的板材。其可用作屋顶和外墙覆面及楼面底板等，具有单向强度高、刚性大等特点。

（3）竹材层压板。

竹材层压板是将竹子剖成厚度为 0.8～1.2 mm、宽度为 15～20 mm 的竹篾，经干燥后，再经过浸胶干燥按同一方向层叠组坯胶合而成的一种板材。由于层压板组坯时，竹篾都是同一方向排列，因而其纵向强度和刚度很高，且竹篾分类利用对于促进竹材的适材适用和高效利用具有一定的意义。

（4）竹材复合板。

竹材复合板是以竹材为原料，由两种或两种以上性质不同的材料，利用合成树脂或其他助剂，经特定的加工工艺生产的人造板。它的种类较多，如覆膜竹胶板、竹材碎料复合板及竹木复合板等。

（5）重组竹。

重组竹是将小径级竹材、枝丫材等经辗搓设备加工为横向不断裂、纵向松散而交错相连的竹束，然后经干燥、施胶、组坯、热压而成的板状或其他形状的竹质人造复合材料。它充分合理地利用了竹材纤维的固有特性，保证了竹材的高利用率（可达90%以上），又保留了竹材原有的物理力学性能。此外，重组竹生产工艺相对简单，突破了传统的切削加工方式，易于实现工业化生产，为竹材的综合利用开辟了一条高效利用途径，且产品具有强度高、成本低、工业化程度高等特点，在现代竹结构建筑中有广泛的应用前景。

2. 现代竹结构建筑体系

竹材价格低廉，因此竹结构建筑常被认为是"平民建筑"，但在现代材料与技术的配合下，廉价的竹材同样可以发挥其特点，建造出现代、持久、优雅的竹结构建筑。在设计中运用生态思维，使用竹材料、表现竹材料特性的同时构筑新的建筑形式的方式，被称为"竹构"。竹材通过其特有的建筑属性丰富了建筑设计语言。在《建筑设计与新技术、新材料》一书中，竹结构建筑的设计语言被表达归纳为三点：形态上的平凡与殊异、空间上的界定与穿越、意念中的瞬间与永恒。这三点表明了竹结构建筑的设计要点，也充分体现了现代竹结构建筑所展现的文化与精神内涵。

现代竹结构建筑按照功能可大致分为三类，即民用居住建筑、公共建筑（如展馆、学校、酒店度假村等）、临时性建筑（如赈灾用房、临时展厅等）。本书将现代竹结构建筑依据材料种类和技术的不同，分为两种类型，一种是技术改良后的原竹结构建筑体系，另一种是应用复合竹材的工业化、现代化竹结构建筑体系。

2.2.2　竹结构材料种类

1. 原竹

原竹的韧性好,且原竹结构住宅自重轻,原竹导热系数小,一般原竹的导热系数为 0.30 W/(m·K)左右,具有良好的保温、隔热性能。原竹的隔热值比标准混凝土的隔热值高 16 倍,比钢材的高 400 倍。原竹在几何形状、初始缺陷等方面的限制,使其在实际工程中无法直接使用,需要加工制成工程竹复合材料后才可使用。同时,原竹细胞中含有较多的淀粉、还原糖、蛋白质、脂肪等,在温暖潮湿的环境中容易发生腐蚀、霉变和虫蛀现象,这一缺陷极大缩短了原竹的使用寿命。

1)毛竹

毛竹(图 2-6),又称楠竹、茅竹、南竹、江南竹、猫竹、猫头竹、唐竹等,为禾本科刚竹属,单轴散生型常绿乔木状竹类植物。其竿高可超过 20 m,粗可达 20 cm,老竿无毛,并由绿色渐变为绿黄色;壁厚约 1 cm;竿环不明显,末级小枝有 2~4 叶;叶耳不明显,叶舌隆起;叶片较小、较薄,披针形,下表面在沿中脉基部有柔毛;花呈枝穗状,无叶耳,小穗仅有 1 朵小花;花丝长 4 cm,呈柱头羽毛状;颖果呈椭圆形,顶端有宿存的花柱基部。主竹在国内的分布自秦岭、汉水流

图 2-6　毛竹

域至长江流域以南和台湾地区，黄河流域也有多处栽培。主竹在 1737 年被引入日本栽培，后又被引至欧美各国。中国是毛竹的故乡，在长江以南地区生长着世界上 85% 的毛竹。它广泛分布于 400~800 m 的丘陵、低山山麓地带，以长宁、江安、兴文等县最为集中，著名的蜀南竹海的毛竹面积达 4 千公顷。

2）慈竹

慈竹（图 2-7），禾本科，主干高 5~10 m，顶端细长，呈弧形向外弯曲下垂如钓丝状，粗 3~6 cm，分布于中国陕西、湖北、湖南、广西、四川、贵州、云南等地，可用于治疗痨伤吐血以及制作竹编工艺品。慈竹常见病害有竹丛枝病、竹根腐病和笋腐病等，常见虫害有竹螟、竹蚜、竹象、竹蝗和竹螨等。

图 2-7　慈竹

3）紫竹

紫竹（图 2-8），竿高 4~8 m，种植稀疏时可高达 10 m，直径可达 5 cm，幼竿为绿色，密被细柔毛及白粉；箨环有毛，一年生以后的竿逐渐出现紫斑，最后全部变为紫黑色，无毛；箨片为三角形至三角状披针形，绿色，但脉为紫色，舟状，直立或以后稍开展，呈微皱曲或波状。末级小枝具 2 或 3 叶；叶片质薄，长 7~10 cm，宽约 1.2 cm。花枝呈短穗状，佛焰苞 4~6 片，除边缘外无毛或被微毛，叶耳不存在，鞘口繸毛少数条或无，缩小叶细小，通常呈锥状或仅为一小尖头，亦可较大而呈卵状披针形。小穗呈披针形，长 1.5~2 cm，具 2 或 3 朵小花；花药长约 8 mm；柱头呈羽毛状；笋期为 4 月下旬。紫竹原产自中国，南北各地多有栽培，在湖南南部与广西交界处尚可见有野生的紫竹林，印度、日本及欧美许多国家均引种栽培。

图 2-8　紫竹

4）泰竹

泰竹（图 2-9），竿直立，形成极密的单一竹丛，高 8~13 m，直径 3~5 cm，梢头劲直或略弯曲；节间长 15~30 cm，幼时被白柔毛，竿壁甚厚，基部近实心；竿环平，节下具一圈高约 5 mm 的白色毛环；分枝习性甚高，主枝不甚发达，芽的长度大于宽度。箨鞘宿存，质薄、柔软，与节间近等长或略长，背面贴生白色短刺毛，鞘口呈"山"字形隆起；箨舌低矮，先端具稀疏的短纤毛；箨片直立，呈长三角形，基部微收缩，边缘略内卷。泰竹在我国主要分布于台湾、福建（厦门）、广东（广州）及云南，并在云南西南部至南部较常见，分布于澜沧至勐海海拔 1000 m 左右的山坡、河谷土壤层厚且肥沃的地区。泰竹在国外分布于缅甸、泰国和马来西亚。

图 2-9　泰竹

5）青皮竹

青皮竹（原变种）（图2-10），是竹亚科、簕竹属青皮竹的一个变种植物；丛生竹，竿高8~10 m，直径3~5 cm；竿直立，绿色，节处平坦，无毛。青皮竹原产于广东省和广西壮族自治区，现南方各地均有引种栽培，竹材为华南地区著名编织用材，常用来编制各种竹器、竹缆、竹笠和工艺品等。竹篾则用作建筑工程脚手架的绑扎篾和土法榨油的油箍篾。

图2-10　青皮竹

6）实心竹

实心竹（图2-11），别名木竹（湖南）、实中竹、印材竹、满心竹、肥满竹、不具竹，与原变种的区别在于竿的下半部为实心或近于实心，有的竿基部少数几个节间不规则地短缩肿胀，是一种稀有竹种。实心竹为散生型，耐寒性强，盆栽或地栽均可（盆栽可修剪造型控制株高），竿材坚实、韧性大，主要作北方农业的马鞭柄、打枣竿、搭棚架、手杖等，亦可种作篱笆。其笋味鲜美，可鲜食或加工成笋干，具有较高的观赏、食用、生态价值。

实心竹主要分布于浙江、江苏、湖南、四川、安徽、云南等地，实心竹主要产地在云南，生长在海拔2500 m以上的深山雪域地带，是一种稀有竹种、质地坚硬、极富韧性、耐腐性强，它一直被当地少数民族当作箭和弓来捕射猎物，其箭可穿透熊皮，当地人称之为"尖削箭竹"。它的直径最大可达50 mm，自然长度可达8 m之高，直径在28 mm以下的实心竹竹芯可无孔，直径28~50 mm的有3~6 mm的内孔，它被广泛运用于大棚、地板、竹炭、工艺品、家具、篱笆、园林等领域，也可劈成篾供编织用。

图 2-11　实心竹

7）刺竹

刺竹（图 2-12）又称郁竹（台湾地区）、大勒竹、鸡筋油竹。竿高 8~20 m，直径为 5~15 cm，节间长 20~35 cm，幼竿为粉绿色，表面光滑无毛，基部近节上面环生刺竹气根，竿壁厚 8~30 mm，主枝发达，下部每节仅 1 枚，粗长平展，中下部和基部有弯曲短刺。竿箨脱落，夺取革撷，先端截形，表面密被棕褐色刺毛；箨耳狭长，左右近相等，边缘具有长 8~12 mm 的遂毛；箨舌高 4~6 mm，尖齿缘，上端疏生短须毛；箨叶尖三角形或披针形，厚革质，黄绿色，表面无毛，腹面基部被细毛及柔毛。叶片狭，呈披针形，长 10~25 cm，宽 0.8~2.0 cm，表面绿色，无毛，背面较淡；冬季转黄绿或淡棕色，全部脱落。刺竹主要分布于台湾、广东、福建、海南、云南等地，最高海拔可达 1000 m，但以海拔 300 m 以上为多。

图 2-12　刺竹

8) 龟甲竹

龟甲竹(图2-13),竿直立,粗大,高可达20 m,表面灰绿,节粗或稍膨大,从基部开始,下部竹竿的节间歪斜,节纹交错,斜面突出,交互连接成不规则相连的龟甲状,越靠近基部的节越明显;叶呈披针形,2~3枚一束,地径8~12 cm,高2.5~4.5 m。竹竿的节片像龟甲又似龙鳞,凹凸有致,坚硬粗糙。与其他灵秀、俊逸的竹相比,龟甲竹少了份柔弱飘逸,多了些刚强与坚毅。竿基部以至相当长一段竿的节间连续呈不规则的短缩肿胀,并交斜连续如龟甲状,象征长寿健康。其竹的清秀高雅,千姿百态,令人叹为观止。此竹种易种植成活但难以繁殖,且极为罕见,为我国的珍稀观赏竹种,主要分布在长江中下游、秦岭和淮河以南、南岭以北地区,在毛竹林中偶有发现。

图2-13　龟甲竹

9) 孝顺竹

孝顺竹(图2-14),又名凤尾竹、凤凰竹等,禾本科刺竹属,灌木型丛生竹,地下茎合轴丛生。竹竿密集生长,竿高2~7 m,直径为1~3 cm。幼竿微被白粉,节间呈圆柱形,上部有白色或棕色刚毛。竿绿色,老时变黄色,梢稍弯曲。枝条多数簇生于一节,每小枝着叶5~10片,叶片线状呈披针形,顶端渐尖,叶表面深绿色,叶背粉白色,叶质薄。孝顺竹原产自中国,主产于华南、西南直至长江流域各地,多生在山谷间、小河旁,长江流域及以南栽培能正常生长,山东青岛有栽培,是丛生竹中分布最北缘的竹种。

图 2-14　孝顺竹

10）高节竹

高节竹（图 2-15）是禾本科、刚竹属，笋用竹植物，竿高可达 10 m，幼竿深绿色，节间较短，除基部及顶部的节间外，均近于等长；叶耳绿色，遂毛黄绿色至绿色；叶舌伸出，黄绿色；叶片下表面仅基部有白色柔毛。花枝呈穗状，佛焰苞 4~6 片，脉间被柔毛，叶耳微小或无，小穗呈披针形，花药柱头呈羽毛状。高节竹每年 5 月开花，笋期 5 个月，多分布于中国浙江，种植于平地的屋前屋后。

表 2-1 所示为各类竹参数表。

图 2-15　高节竹

表 2-1　各类竹参数表

名称	高度/m	直径/cm	节间长/cm
毛竹	20	20	40
慈竹	5~10	3~6	25~50
紫竹	4~8	5	25~30
泰竹	8~13	3~5	15~30
青皮竹	8~10	3~5	40~70
实心竹	8	2.8~5	20~25
刺竹	8~20	5~15	20~35
龟甲竹	20	20	—
孝顺竹	2~7	1~3	30~50
高节竹	10	7	22

2. 集成竹

　　集成竹是由一片片竹片或一根根竹条经胶合压制而成的方材和板材,保持了竹材物理、力学性能的特性,具有吸水膨胀系数小、不干裂、幅面大、变形小,尺寸稳定、强度大、刚度好、耐磨损等特点。集成竹也称竹层积板,是设计界目前最常用的竹型材。虽然集成竹加工的方法大致相同,都是由等宽的竹片排布拼压而成,但是竹片排布的方式差别却会形成纹路、强度不尽相同的集成竹。其中拼接方式最基础的为平压板(图 2-16)与侧压板(图 2-17),在此基础上,还衍生出混合拼压板(图 2-18),如十字平压板、工字板等。集成竹自身具有多样化的拼合方式,与多种程度的碳化加工相结合,形成了集成竹的多样性。

图 2-16　平压板

图 2-17　侧压板

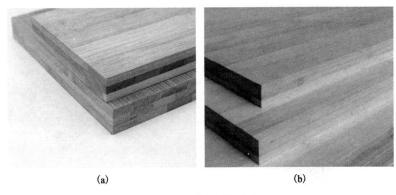

(a)　　　　　　　　　　　　　　(b)

图 2-18　混合拼压板

平压板是由等宽竹片平铺排列拼压而成。竹片一般宽度为 2 cm，厚度为 0.5 cm。因为在压制时竹片并不会发生巨大的形变，所以平压板具有竹节纹路平整明显、竹纤维疏松且清晰的优点。但是由于其横向胶合面积较小，单层平压板易发生沿着垂直竹纤维方向的弯曲形变，并且承受力不大。因此，平压板适用于制作面积较小或承重需求不高的产品。

侧压板是由等宽竹片侧向竖起排列平压而成的。竹片一般宽度为 2 cm，厚度为 0.5 cm。当在竹片侧面上方施加压力时，竹片就会由宽变窄，此时的竹片发生了较大的形变。从板面上看，侧压板的纹路也很清晰，但是比较密集，竹节的纹路稍微扭曲。与平压板相比，侧压板横向胶合面积较大，所以其强度大、不易形变，且适于承重，使用领域更广。

3. 重组竹

重组竹(图 2-19)是由原竹经过疏解、干燥、浸胶、热压而成的一种单向竹纤维增强生物质基复合材料。重组竹复合材料突破了原竹的尺寸限制，其结构致密均匀，力学性能更加稳定，且原材料利用率高达 80%，是一种极具潜力的绿色高强建筑复合材料。重组竹由原竹重新组织而成，以同长并相互交联的竹丝束为基本单元。重组竹将竹材经过高温碳化及防腐处理后，不易遭虫蛀或发生霉变与腐朽，经久耐用，并且具有含水率低、密度大、变形小、硬度高、抗白蚁等特点。由于重组竹产品对竹材原料的利用率高，具有良好的尺寸稳定性、耐腐性、耐候性及力学性能等优点，重组竹可部分替代木结构、钢/木混合结构中的结构用材。因此，重组竹被广泛应用于地板、家具、桥梁、工艺品、门窗、花架、栈道等，推动了我国新型、绿色建筑的发展。

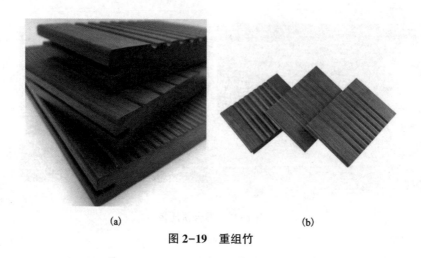

(a)   (b)

图 2-19　重组竹

2.2.3　现代竹建筑的特点

中国具有全世界最大的人口基数，需要大量的建筑为人们的工作和生活提供必要的支持。然而，大规模的城市建设造就了大量的钢筋混凝土建筑和钢结构建筑，使得中国在碳排放、能源和环境等方面的压力越来越大，其可持续发展面临着巨大的挑战。

近年来，人们开始探寻更环保的建筑材料和建筑方式，天然建筑材料的使用也越来越受到城市规划者和建设者的青睐。然而，由于中国森林资源匮乏，且环保的木结构建筑建造需要从别的国家大量进口木材，于是竹子这种天然的本土材料又重新回到了人们的视线里。中国不但具有世界上最丰富的竹林资源，而且具有根深蒂固的竹文化传统。如何合理利用这种天然的材料，让竹建筑在城市和乡村建设中持续发挥其独特的作用便成为了一个新的探索方向。

竹材具备作为工程结构用材的良好条件：其抗拉强度约为木材的 2 倍，抗压强度约为木材的 1.5 倍，竹材的强重比高于木材和普通钢材。原竹本身薄壁中空，具有一定的尖削度，其形状和性能都无法完全满足现代竹结构建筑的建造要求。但我国诸多学者致力于竹结构用材的研究与开发，已研制出能够满足现代工程结构建筑需求的板材和型材。目前应用较为广泛的竹材结构用产品主要有竹材人造板和重组竹。在我国竹结构房屋尚未普及的情况下，将竹材通过复合、重组等技术手段，制成集成的板材或型材用作结构材或墙板材，是竹材利用的一个崭新的发展方向，这在很大程度上推动了现代竹结构建筑的发展，而现代竹建筑具有以下特点。

1. 资源丰富、可再生利用

我国是世界上主要的产竹国家，拥有约 42 属、500 余种竹材。竹材是我国重要的速生、可再生森林资源。据全国第九次森林资源清查统计，我国现有竹林面积 538.10 万公顷，其中毛竹林 386.83 万公顷，杂竹林 151.27 万公顷。在地球表面森林面积逐年减少的形势下，竹林面积却日益扩大。竹材生长周期短，一般 6 年成材，且一次造林可多次采伐、多年收益，因此只要科学地经营管理，竹子是一项取之不尽、用之不竭的重要的建筑材料资源。

2. 节能且环境友好

与钢筋混凝土结构相比，竹材是一种天然的可再生生物质材料，在生长过程中能改善自然环境。就减排而言，竹林比其他树种的森林可吸收更多的二氧化碳；在加工过程中能耗低。相关资料显示：建造相同面积的建筑物，竹材的能耗是混凝土能耗的 1/8，是木材能耗的 1/3，是钢铁能耗的 1/50，在废弃后可以自然降解，不会对环境产生任何负面的影响，堪称绿色建材。

3. 抗震性能好

同木结构类似，竹结构建筑在发生地震时有较高的安全系数。与其他材料相比，竹结构建筑具有一系列关键抗震优势：竹材的强重比很高，这意味着地震时作用到竹结构建筑上的力度较小；竹结构是通过各种连接件组合而成，带有许多杆件和连接节点，故存在多种荷载路径以吸收所施加的外力；竹结构建筑中的连接节点可以有效地耗散地震所产生的能量。1991 年，哥斯达黎加曾发生了一次里氏 7.7 级地震，大批砖瓦和钢筋混凝土建筑倒塌，但 20 多座用竹子搭建的建筑却安然无恙，这足以说明竹结构建筑具有一流的抗震性能。

4. 施工期短、建造成本低、维修方便

竹结构建筑材料处理简单，建造成本低廉，且施工周期只是同类砖混结构的 1/3～1/2，布局造型灵活、维修方便，所需人员也相对较少。竹结构建筑由多个构件通过各种连接件组装而成，构件之间可拆装，易于改建或扩建。即便是已经建造成型的建筑，整个建筑也可从甲地搬迁至乙地。由于竹结构建筑建造周期短且维修方便，再加上可随地搬迁，其建造成本自然会下降很多。

5. 耐久性良好

竹结构建筑具有抗下沉应力、抗老化和抗干燥能力，并且稳定性好。如果经过相应的工序处理且使用得当，竹材是一种稳定、寿命长且耐久性强的材料。要真正体现竹结构建筑环保的优势，保证竹结构建筑的长期耐久性是关键。

6. 可灵活地设计和装饰

同木结构建筑相似，竹结构建筑适用于多种外部建筑风格，且在室内布局和装饰方面也提供了相当大的自由性。如门窗可放置在任何使用方便的地方；可以将各种防水、保温、隔声的材料固定在龙骨表面，或填充在龙骨的缝隙间；各种水电设备管道可以在墙内及楼板间穿过，使建筑物保持良好的物理性能和美观度。此外，竹材的弯曲度大，可模压成各种造型，以满足木结构建筑的需要。

2.3　古代木建筑

>>>

2.3.1　古代木建筑的介绍

中国古代建筑的主流是木结构建筑，而欧洲古建筑的主流是石结构建筑，两者间的差别十分明显。造成这种差别的原因可从文化取向、建筑目的、建筑理念上来分析。

1. 文化取向

西方人对石头有着特殊的喜爱。在古希腊神话中，遭遇洪水的人类，是通过石头再造出来的，石头是创造人类的物质，因而，用石头建造最重要的建筑，也是合情合理的。中世纪的学徒，被看作是未经雕琢的石头，而学成有为的人，被看作是柱石之材。因此可以推测，在西方人的文化象征谱系中，石头处于较高的层位，如西方神庙与教堂中的圣坛，都是用石头雕琢的。而中国的情况就不一样，古代中国人讲究阴阳五行。五行中的五种物质，金、木、水、火、土，分别对应五个方位（西、东、北、南、中）。

在五行中，"土"代表中央，代表负载万物、养育万物的大地。因此，象征中央的明清北京故宫三大殿，就是建立在一个"土"字形的三重汉白玉台基上；代表国家的社稷坛，也是用"五色土"来象征的。

五行中的"木"，代表的是春天，是东方，是象征生命与生长的力量。此外，五行中的"金"，象征西方，也象征武力与刑杀。所以，凡是与武有关的建筑，如故宫的武英殿、北京内城的宣武门，都在城市或宫殿中轴线的西侧。

五行中的"水"，象征北方，北京故宫中轴线北端的钦安殿，是供奉水神玄武大帝的，也具有厌火的象征。此外，建筑物内部用的藻井装饰（图2-20），建筑屋脊上用的鸱吻装饰，都具有与水相关联的厌火性象征功能。

显然，五行中所代表的中国人最崇拜的五种材料中，只有"土"和"木"是最适合建造为人居住的房屋的，因此，中国古代建筑的基本材料，就是"土木"，人是居住在由"土"（台基）承载，由"木"（柱子、梁架）环绕的空间中的（图2-21）。

图 2-20　木建筑内部装饰图片

图 2-21　木建筑外部图片

2. 建筑目的

西方古代与中世纪的主流建筑，是为彼岸的神灵建造的。神灵或上帝是至上的存在。为神与上帝建造的建筑，要永恒、宏伟，具有威慑人的力量。西方人往往会花上百年的时间，去建造一座大教堂，因为它不是现在需要使用的，建造者也就并不期待在很短的时间内建造成功。而中国古代的主流建筑是为现世的人建造的，如帝王的宫殿、政府衙署、苑囿与各种不同等级的住宅。

古人所谓"宫室之制，本已便生人"（引自《北史》），说的就是这个意思。中国也有宗教建筑，如佛寺、道观、祠庙等。但中国人对待佛寺、道观的态度，同对待普通人的住宅态度一样，是为了给神像、佛像遮风避雨，并不追求建筑及雕塑存在的久远程度。所以，越是地位显赫、香火旺盛的寺庙，改建就越频繁，就如同常常要给现世的人翻盖新屋一样。因而，追求永恒与久远的西方建筑，采用了石结构；而不求永恒与久远，着眼于现世的中国建筑，则采用了木结构。

3. 建筑理念

古代罗马建筑师，早在 2000 年以前，就提出了"坚固、实用、美观"的建筑三原则。建筑首先要坚固，坚固与久远是联系在一起的，欲求坚固与久远，石头是最恰当的建筑材料。另外，西方人关注建筑的外在的美，即建筑应该给人愉悦的感觉，因而，他们十分重视建筑的外部造型，但西方文化对建筑的内部空间的品质，却讨论得不多。无论建筑多么宏大、室内多么阴沉，只要坚固耐用、外观愉目就是好的。中国人则不同，古代中国人既不求建筑坚固久远，也没有简单地将建筑外形的美观作为一个目标。

2.3.2 古代木建筑的特点

1. 风格简约，注重实用

中国传统建筑营造的基本宗旨是实用理性主义。以单台勾栏为例，各种构件如望柱、寻杖、撮项、盆唇、蜀柱、华版、地栿、螭子石等，看似纷繁，实则各个部件都是物尽其用：望柱、地栿、蜀柱、盆唇相当于基本的结构构件；华版为基本填充构件；螭子石的作用是架起地栿，同时可起排水的作用；寻杖则相当于扶手；受木头的长度限制，盆唇与寻杖之间要以撮项联系。整个勾栏丝毫没有多余的线条，装饰仅出现在填充构件华版上。若对营造法式没有一定的认识和了解，很难想象在看似具有浓厚装饰意味之下的中国古代建筑是如此简洁直接。小木作如此，大木作亦然，这一点也是符合西方现代建筑之精神的。

2. 设计通用化

中国古代木架建筑平面、空间和结构的基本单元是"间"，无论是殿堂厅轩，还是楼阁亭榭，各类建筑均以不变应万变，以"间"为单元组合而成。这一模式组合灵活，因而具有极大的适应性。因此，中国建筑能够适用于自然带至寒带，以及沙漠、两河流域至滨海之地的不同气候的广袤区域。因此可认为中国木建筑是通用空间的设计，是从结构出发的设计。

3. 受力结构清晰，结构构件与围护构件分离

营造法式体例的重点之一是大木作。中国古代木建筑的形式来自结构，木建筑在结构上基本采用简支梁和轴心受压柱的形式，局部使用了悬臂出挑和斜向支撑。斗拱是其中颇具形式感的构件之一，它不但可以承托一定距离的悬挑荷载，而且也是屋顶梁架与柱壁间在结构和外观上的过渡构件。建筑中的墙壁，无论是砖石还是木板材质，均为非承重的隔断墙，因而门窗、隔断设置均自由。这与现代的钢筋混凝土框架结构在原则上有异曲同工之妙，不同的是其材料与工艺上的差异。中国建筑的大屋顶曲线优美、柔和壮丽，其形式也是结构的真实反映，而非勉强造作而成。

4. 真实反映材料特征

木材的各项力学性能较为全面，对拉、压、弯、剪、扭力均有良好的抵抗性能，但具各向异性。在构造上，榫卯是最常用的结合方式，它符合木材的材料特性，并形成柔性连接。将结构主次充分地暴露而非掩饰起来，是中国古代匠人对待材料的态度。木材的优越之处在于它能够就地取材、运输方便、加工建拆简单；不足之处是易腐易燃，需要经常维修养护，坚固程度低于砖石结构，这是造成中国古代木建筑较难留存的原因之一。

5. 木构模数制

模数制自古应用广泛，古罗马建筑柱式即以柱径为基本模数。类似地，中国宋代以"材"、清代以"斗口"作为木构模数制的基本度量单位。通过模数化设计，建筑整体到局部的尺寸、形式与做法相对定型，这对缩短设计时间、加快施工进度、控制建筑质量及工料估算较为有利，但也不可避免地导致单体建筑形式略为单一，为后期法式建筑走向僵化埋下了伏笔。

6. 无立面设计，结构决定立面形式

中国古代木架建筑的立面直接由主体结构生成。这从侧面说明中国古代木架建筑的形式是合乎逻辑的理性产物，不以预设的形式为框架，与近代结构主义重视"要素"与"关系"的思想有些接近。

7. 细部做法精致完善

中国古代木架建筑经过数千年的演化发展，技术相当成熟，例如大木作中的生起、侧脚、卷杀、各种榫卯交接等处理方法都是科学的。而精湛的细部做法也是工艺发展的产物，是追求建筑坚固安全、充分发挥材料性能的结果。工艺的发展能促进建筑设计的整体提升，这一点在世界范围内的建筑发展进程中普遍存在。

2.4 现代木建筑

>>>

出于环保要求，我国明令"除农民在宅基地上自建低层住宅外，所有建筑工程禁止使用黏土砖"，墙体材料改革势在必行。这一政策无疑为黏土砖的替代产品带来巨大的发展空间。据分析，黏土砖退出市场，节能、环保的新型墙体建材进入市场将成为发展方向。

现代建筑技术的进步不仅要求建筑材料质轻高强以减轻自重，也要求其保温、隔热、隔声、抗震性能良好以及能使用装配式以加快施工速度，而现代人造板材确是对这些要求兼而有之的。人造板是一种综合利用可再生植物资源生产的低能耗、低成本的木质、竹质产品。由于人造板利用的是人造林、速生材，而不是自然林，所以它具有高附加值。中华人民共和国成立以来，我国的人造板工业飞速发展，产量逐年递增，从普通制造的人造板到各类结构用的板和方材，从普通功能的人造板到各类功能性的人造板，种类繁多。但与此相悖的是，我国人造板应用开发却大大落后于产品开发，前些年还一直停留在家具制造业与室内装修工程上，没有真正发挥出人造板尤其是结构类人造板的作用，这也大大限制了人造板产业在我国的发展。最近几年，发达国家制造的人造板在建筑业上的应用比例却高达 80 % 左右，于是我国国内一些大城市出现了开发与建造现代木质建筑的景象。

所谓现代木质建筑，是指由木质结构所制成的建筑，木质结构指其主要结构部分由制材品、集成材、木质板材等人造板中的一种或两种以上所构成的结构系统。这是经历了古代梁柱式小跨度结构发展而来的、但又与之迥然不同的建筑体系。

2.4.1 现代木结构材料种类与特点

1. 原木种类

1)橡木(图 2-22)

特点：树心呈黄褐至红褐，生长轮明显，略呈波状，质重且硬；韧性极好，质地坚实，档次较高。马来半岛盛产橡木，以北美红橡最著名。

用途：高档家具板材、葡萄酒酒桶(白橡木)。

图 2-22 橡木

2)水曲柳(图 2-23)

特点：黄白色(边材)或褐色略黄(心材)，年轮明显但不均匀；有弹性韧性，耐磨耐湿，干燥困难，易翘曲；所制家具秀美，价格适中。

用途：家具、乐器、体育器具、车船、机械及特种建筑材料。

图 2-23　水曲柳

3)栎木(俗称柞木,图 2-24)

特点:重、硬、生长缓慢,心边材区分明显,纹理直或斜。耐水耐腐蚀性强,加工难度高,但切面光滑,耐磨损。

用途:家具用材、桥梁、建筑用材。

图 2-24　栎木

4)胡桃木(图 2-25)

特点:胡桃木有黑胡桃木、黄金胡桃木两种,表面光泽饱和色彩丰富且饱满,胡桃木家具比较昂贵且值得收藏。

用途:高端家具、橱柜、建筑内装饰、高级细木工产品、门、地板和拼板。

图 2-25 胡桃木

5）橡胶木（图 2-26）

特点：木材淡黄褐色或黄白色，硬度中，可塑性不错，在北方干燥地区不容易开裂。

用途：家居、家具、砧板、粒片板及木芯板原料和家具饰品。

图 2-26 橡胶木

6）桦木（图 2-27）

特点：年轮略明显，纹理直且明显，中档木材，富有弹性，干燥时易开裂翘曲，不耐磨，加工性能好，切面光滑。

用途：地板、家具、纸浆、内部装饰材料、车船设备。

图 2-27　桦木

7) 枫木(图 2-28)

特点：分布广泛，木材纹理交错，结构深细缜密而又均匀，质轻而较硬，花纹图案优良。容易加工，切面欠光滑，干燥时易翘曲。硬枫价格高于软枫。

用途：板材类贴薄面、家具、地板、护壁板。

图 2-28　枫木

8) 松木(图 2-29)

特点：松香味、色淡黄、疖疤多，纹理清楚美观，造型朴实大方，松木木质软，易开裂变形，脱脂后材质较软，耐承力较低，经不起碰撞。

用途：松木家具、松木墙板。

图 2-29 松木

9）柏木（图 2-30）

特点：木材纹理细，质坚，耐腐耐水。加工容易，切削面光洁，油漆后光亮性特好；胶黏容易，握钉力强。

用途：建筑、车船、桥梁、家具和乐器。

图 2-30 柏木

2. 原木特点

1）可再生性

树木是唯一的数量不断增长的建筑材料。通过使用木材可减少或完全避免不可再生材料的使用。这对材料用量对极大建筑工程来说，意义重大。

2）防火性

木材是可燃材料，但同时也是阻燃材料。细小的木头非常容易燃烧起来，但要想点燃粗厚的木材可不是那么容易。木头表面一旦碳化就会形成保护层，保护内部组织。结构所需的耐火时间可通过外包防护结构（常采用石膏板等防护饰材），或增加尺寸以控制碳化来实现。着火时，石膏板的结晶水蒸发，确保了板材背火面的低温，从而避免木材着火。除此之外，木屋还可装配喷淋系统来防火。

3）耐久性

正确设计与施工的木建筑寿命都很长。全世界有些木建筑从建成到现在，已经有上千年历史了。提高木材耐久性的方法有：

（1）根据应用对象，选择合适的木材种类。

（2）保持结构干燥。

（3）为结构做好充分的防水、防潮与防阳光直射的保护措施。

（4）木材浸渍以防止腐烂与白蚁等。

（5）表面处理，如油漆上光与打蜡。

（6）良好保养，及时更换磨损部件。

4）隔声

为达到良好的隔声效果，隔墙与中间层楼板均需分层且每层相互隔开，这样可隔断声音在结构中的传导。为改善对脚步等冲击声的隔声效果，可在楼板隔层内加填料，以减小结构颤动。一般木结构都需要防火，而防火的木结构通常隔声效果都比较好。实际应用中木结构可以达到各类隔声标准。

现代木建筑基本摒弃了原木的使用，而采用现代工艺加工的规格材和工程木材，比如胶合木 CLT 交错层积材等。这些材料的强度、耐久性、稳定性、环保性、经济性都要远远好于一般木材。工程木材的使用也使得建造大型木结构建筑成为可能。

3.胶合木

胶合木是采用高强度的经过窑干处理的层板，在压力作用下叠合而形成的大尺寸工程木材（图 2-31）。胶合木不仅保持了木材的传统美观性和设计强度，还具有非凡的耐火能力、绝缘性和尺寸稳定性。胶合木是一种强重比高、美观、可降解的工程复合材，且被广泛应用于桥梁、建筑等工程领域。而落叶松在我国分布面广，蓄产量丰富且强度高，适合于木材的工业化加工利用。

胶合木与成材相比，其强度大，许用弯曲应力高 50%，而且结构均匀，内应力小，不易开裂和翘曲变形；大断面的集成材还有较高的耐火性能。此外，集成材不存在单板裂隙影响问题，且不受自然原木尺寸的限制，可制成各种外形和截面，是唯一可制成弯曲外形的工程木产品。另外与原木相比可以避免木材中木节和裂痕的影响，进行交错级配，量材使用，进一步提高木材使用率和材料强度；更易进行防腐、防虫处理，效果好；可以进行产业化生产，减少现场工作量。

图 2-31　胶合木

4. 正交胶合木(CLT)

正交胶合木(CLT)是一种新型的工程木产品，由 3 层及以上实木锯材或结构复合板材垂直正交组坯，采用结构胶黏剂压制而成，是 CLT 的一种形式，而且它本质就是木头，所以和预制混凝土板或者结构保温板的安装方式一样，CLT 的安装非常简便，同时由于它是预制化产品，在现场加安装更加简便快捷、精度高、格局美，而且非常结实和坚固。

CLT 是以厚度为 15~45 mm 的板材相互叠层正交组坯后胶合而成的木制产品，通常为单数层，包括强轴方向的顺纹受力层，以及横纹受力的正交层（图 2-32、图 2-33）。CLT 在工厂预制，单片最大尺寸可以做到 16 m 长、3.2 m 宽、0.5 m 厚（尺寸受热压磨具运输和吊装控制）。CLT 板材可直接由计算机控制进行自动化开槽、切口，并可与墙面材料和防火材料等在工厂组合，形成组合预制墙体(楼板)，极大提高了建造速度。CLT 层间正交双向胶合的特点，有效弥补了木材顺纹和横纹受力性能差异大的缺陷，形成良好的平面内抗压和抗剪强度。

CLT 特点：

(1)强重比高，承载性能好：交错层积材性能在纵横两个方向上较均匀，通过去除层积单元的缺陷，可显著提高设计强度。

(2)尺寸稳定性好：通过纵横正交铺装和控制锯材单元的含水率可显著提高板材的尺寸稳定性。

(3)噪声低：与传统钢筋混凝土结构相比，交错层积材可在工厂模块化预制，因此组装快，现场噪声低，无污染，无建筑垃圾产生。

(4)建造快、成本低、工期短：时间仅是传统的 1/4~1/2，大大节省人力成本，加速资金周转，在北美可减少建筑外壳成本为 5%~15%。

(5)抗震、隔声、保温效果好：板材的低热传导性和连续大幅面特征，可保证建筑具有良好的气密性和隔声、保温、隔热效果。

(6)防火性能好：燃烧后形成表面炭化层，可有效阻隔火焰的进一步传播，不加防火层也可达到防火 1 h 的要求。

(7)低碳环保：储碳固碳，拆卸后可重新回收利用。

(8)应用范围广：可用于低、中层甚至高层(20 层以上)的民用和非民用建筑，完全代替传统钢筋混凝土和砖混结构，也可部分代替，与钢筋混凝土等混合使用。

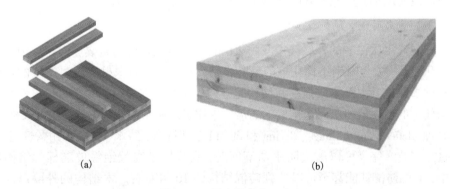

(a)   (b)

图 2-32　正交胶合木

2.4.2　现代木建筑的特点

现代木建筑，与传统木建筑已经完全不同。现代木建筑的设计更符合力学原理，建筑用材也做到了工业化生产。产品主要包括规格木材(实心木)和强度更高、用途更广的复合工程木材以及用来做面板的天然板材、胶合板和定向结构板等。现代木结构构件之间的连接方式也不再用榫卯，而多靠金属连接件，以钉子或螺栓固定，施工便捷且强度更高。某些复杂的节点或结构构件，还会在工厂中加工，这样既可以减少施工时间，又有助于确保工程质量。

受国外的影响，这几年国内许多大城市都在建设木质住宅建筑，其主要原因除了其造价低外，这一建筑形式本身所具有的优越性亦使其比其他建筑形式更受欢迎，而现代木建筑具有以下几点优势。

1. 建设周期短，可移动性强

工厂预制、现场拼装的建造形式相对砖混结构建造形式来说可大大缩短建筑周期，一般在 3 个月内交房。而一栋 200 m² 的砖混结构毛坯房建造工期为 3 ~ 4 个月，精装修 2~3 个月，平均 6 个月才能完成。因此建造周期短，成本风险自然随之减小。木质住宅是拼装搭建而成，所以拆卸搬迁也极为方便，即便是已经建造成形的别墅，也可将整栋别墅从甲地移至乙地。

2. 保温节能，消费合理

和国内通常采用的砖混和水泥墙体的隔热效果相比，现代木建筑的墙体就像保温瓶胆，而普通砖混或水泥墙体就像玻璃杯。木建筑墙体材料的保温御寒性能有助于大大减少空调数量。另外，现代木建筑所有管线均设在墙体或楼板内，这可有效增加使用面积，木建筑使用率一般可达 85% ~ 90%，而国内现有砖混或水泥房屋使用率一般只有 65% ~ 70%，这可有效提高投资回报率。

3. 防火防潮，隔绝噪声

现代木质住宅的外层被极其耐火的石膏板等无机建材包裹，钢在火中会很快软化，火灾发生时钢结构住宅的危险将是灾难性的，而木材燃烧时产生的焦炭层有助于保护其内部木质强度和结构完整性。研究数据显示，木建筑耐火性是钢结构住宅的 1.3 倍和水泥结构的 1.7 倍。木建筑的防水、防潮技术在国外被称为 4D 原理(deflection、drainage、drying 和 durable，即抗弯、防水、防潮和耐久性能)，通过这一技术完全可以解决防水防潮问题，在采用了高效绝缘玻璃棉的结构设计中，它的防潮性能甚至可以达到砖混结构的 10 倍左右。木结构的外隔声性能也优于砖混结构，甚至内墙可以在技术上做到绝对隔声，但成本有所增加。

4. 抗震抗风，持久耐用

现代木质住宅建筑抗震性能大于 8 级，抗风压 110 mph，此数值已超过国家规定的标准，其结构寿命可逾百年，完全达到国内住宅 70 年寿命的要求。

5. 设计合理，选择多样

外观及室内布局灵活多变，日后增改、施工也轻而易举，房型设计易形成个性,这可为住户提供了更多的选择,另外木质建筑在住宅二次装修上的投资费用和工程量均比砖混建筑的要小得多。

　　6.地域不拘,建造灵活

　　由于木建筑地基简单,其建造场所不受限制,因此,在用地日趋紧张、都市人日趋怀念自然的今天,木构住宅在这方面的优势更明显。此外,木构住宅的其他优点,如建造期间工地干燥,没有过大噪声;板材透气,不同板材天然宜人的香味给居住者带来温馨气氛;加之配置齐全的现代设备等,都使生活在其中的现代人倍感舒适与便捷。

第 3 章
竹木结构力学性能

3.1 竹结构力学性能

>>>

3.1.1 原竹力学性能

  竹材作为一种绿色建材已经越来越受大众喜爱，竹材生长周期短、加工能耗小于其他常用的建筑材料，我国竹资源储量大、竹品种众多。竹材属于各向异性材料，其三维力学性能复杂，变异性大。不同年龄、不同种类、不同部位、不同的含水率都会影响竹材力学性能。竹子主要由纤维厚壁细胞及维管束和纤维薄壁细胞及机体组成，维管束沿轴向整齐排列，使竹材具有较高的强度和刚度，对竹材的力学性能贡献度最大。竹材不同部位细胞大小、形状、维管束密度、纤维含量各不相同，研究表明竹竿上部比下部的力学强度大；竹壁外侧比内侧的力学强度大；竹节较节间材的抗弯强度、顺纹抗压和抗拉强度都有一定程度的降低，但抗劈强度和横纹抗拉强度有明显提高。随着竹龄增加，竹材力学性也会逐渐提高；但当竹竿老化变脆时，强度反而下降。

  含水率对竹材的轴向（顺纹）抗压、抗拉、抗剪强度及弹性模量等力学性能影响很大。气干后竹材的力学性能要比新鲜竹材更优；但当竹材处于绝干条件下时，其力学性能因质地变脆反而下降。相关研究表明，当含水率在 30% 以内时，随含水率的增高，圆竹力学性能下降很快；当含水率大于 30% 后，圆竹力学性能的劣化不明显。

  目前竹材力学性能的测定方法及力学模型的相关研究都主要关注顺纹、径向和弦向的抗拉、抗压和抗剪强度与弹性模量，对三维受力情况的力学性能关注较少，十分缺乏试验与理论研究。此外，许多受力情况如圆竹受压、圆竹受弯等，对竹材的破坏通常是由弦向劈裂导致的，但尚未有相关的破坏准则。深入地研究竹材的破坏准则能够更好地解释竹材的各种破坏模式。

竹材力学性能试验方法：根据《竹材物理力学性能试验方法》(GB/T 15780—1995)进行竹材含水率、干缩性、顺纹抗压强度、横纹抗压强度、顺纹抗拉强度、横纹抗拉强度、抗弯强度、冲击韧性等力学性能的实验研究。

1. 试材采集和试条劈制

1) 试材采集

(1) 为获得某种竹材的基本性质，须选择具有代表性的竹子产区采集试材。对分布广的竹种，应按气候、地理位置、土壤等自然条件，分区采集。

(2) 在采集区的竹林中，从胸高直径 50 mm 以上、不少于 100 株的样竹中，分散选取有代表性、成熟、无缺陷的样竹不少于 15 株。竹材成熟期以当地习俗为准。

(3) 样竹伐倒前，在胸高部位以上标明北向标记。

(4) 样竹伐倒后，记录样竹的胸径、枝下高及竹高。每株从离地约 1.5 m 的整竹节处，向上截取约 2 m 长竹段，在整竹节处截断作为试材。枝下高较低、胸径较小的竹种，可以从离地约 1.0 m 的整竹节处，向上截取约 2 m 长一段，在整竹节处截断作为试材。试材应有明显编号。

(5) 试材采伐后，应及时交运，以免变色、开裂、腐朽和虫蛀。

2) 试条劈制

(1) 从每株约 2 m 长的竹段中，选择无明显缺陷及竹青无损伤、节间长度在 200 mm 以上的两节竹筒。靠下面的一节竹筒，在东、南、西、北方向分别劈制宽度为 15 mm 及 30 mm 的竹条各一根。宽度为 15 mm 的竹条供制作干缩性、密度、抗弯强度和抗弯弹性模量试样。宽度为 30 mm 的竹条，供制作顺纹抗压、顺纹抗剪试样。靠上面的一节竹筒，在东、南、西、北方向分别劈制宽度为 15 mm 的竹条各一根，供制作顺纹抗拉试样。当节间长度不足 280 mm 时，允许在试样端部 60 mm 长的夹持部位带有竹节。

(2) 制作干缩性试样用的试段，应浸泡于常温清水中至尺寸基本稳定后，方可制作试样。其他劈制后的试条，应在室内疏堆气干，堆集时应竹黄朝下，并在最上层用重物适当加压，以防试条翘曲变形。

(3) 试条气干后，置于温度为 (20±2)℃、相对湿度为 65%±5% 的环境中进行含水率调整，至质量达到基本稳定后，方可制作试样。

2. 试验设备

(1)试验机:根据不同的试验项目可分别采用最大荷载不大于 5000 N 及 50000 N 的加荷范围,并应具有球面滑动支座;示值误差不大于±1.0%。

(2)调温调湿机或调温调湿箱:能调节温度(20±2)℃,相对湿度 65%±5%。

(3)天平:精确至 0.001 g。

(4)百分表:精确至 0.01 mm,并应附有百分表架。

(5)游标卡尺:精确至 0.1 mm。

(6)烘箱:应能保持(103±2)℃。

(7)玻璃干燥器、称量瓶。

(8)秒表。

3. 竹材试验方法

1)含水率的测定

(1)原理:

试样中所含水分的质量与全干试样质量之比,以百分率计。

(2)试样:

在试条或物理力学试验后的试样上选取。附在试样表面上的竹屑、碎片应清除干净。

(3)试验步骤:

①选取试样后立即称量,精确至 0.001 g。将结果填入含水率测定记录表中。

②试样在烘箱内保持温度(103±2)℃,烘干 4 h 后,取 1~2 个试样进行试称,以后每隔 2 h 试称一次,至最后两次之差不大于 0.002 g 时,即可认为已达到全干。

③从烘箱中取出试样,放入装有干燥剂的玻璃干燥器内的称量瓶中,盖好称量瓶和干燥器盖。试样冷却至室温后,自称量瓶中取出称量质量,精确至 0.001 g。

(4)结果计算:

试样含水率按式(3-1)计算,精确至 0.1%。

$$W = \frac{m_1 - m_0}{m_0} \times 100\% \qquad (3-1)$$

式中:W 为试样含水率,%;m_1 为试验时试样质量,g;m_0 为试样全干时的质量,g。

2)干缩性的测定

(1)原理:

含水率低于纤维饱和点的竹材，其尺寸和体积随含水率的降低而缩小。竹材从湿材到气干时或全干时的尺寸、体积之差值，与湿材尺寸、体积之比，表示竹材气干时或全干时的线干缩性和体积干缩性。

（2）试样：

①试条劈制。

②在每一试条上截取一个试样。试样用饱和水分的湿材制作，尺寸为 10 mm×10 mm×t mm（竹壁厚）。不允许与密度的测定用同一个试样。

③试样制作要求和检查。

（3）线干缩性测定。

①试验步骤：

（a）在试样任一径面长度的中央，画一条垂直于竹青面和竹黄面的直线，在靠近直线两端的竹青面、竹黄面处，各画一圆点；并在竹黄面的中心位置画一圆点。用百分表测量装置，在试样上的圆点处分别测量径向、弦向尺寸，填入干缩性测定记录表中，精确至 0.01 mm。

（b）试样在标准规定的环境中气干 10 天后，用 2~3 个试样试测弦向尺寸，然后每隔 2 天试测一次，至连续两次试测结果之差不大于 0.02 mm 时，即认为已达到气干。再按步骤（a）测量试样径向、弦向尺寸，并称量试样质量，精确至 0.001 g。

（c）将试样放在烘箱中，按规定烘干并称出试样全干时质量，分别测量出径向和弦向尺寸。

（d）在测量过程中，试样如发生开裂或形状畸变时应予舍弃。

②计算结果。

（a）试样从湿材至全干时，其径向或弦向的全干缩率，按式（3-2）计算，精确至 0.1%。

$$B_{\max} = \frac{L_{\max} - L_0}{L_{\max}} \times 100\% \qquad (3-2)$$

式中：$B_{\max}$ 为试样径向或弦向的全干缩率，%；$L_{\max}$ 为湿材试样径向或弦向靠竹青面、竹黄面处尺寸的均值，mm；L_0 为试样全干时径向或弦向靠竹青面、竹黄面处尺寸的均值，mm。

（b）试样从湿材至气干时，径向或弦向的气干干缩率，按式（3-3）计算，精确至 0.1%。

$$B_{\mathrm{w}} = \frac{L_{\max} - L_{\mathrm{w}}}{L_{\max}} \times 100\% \qquad (3-3)$$

式中：B_{w} 为试样径向或弦向的气干干缩率，%；L_{w} 为试样气干时径向或弦向靠竹青面、竹黄面处尺寸的均值，mm。

(4)体积干缩性测定。

①试验步骤：

(a)按线干缩性试验方法进行试验，在试样任一横断面上的中部，画一条垂直于竹青面、竹黄面的直线，在靠近直线两端的竹青面、竹黄面处，各画一圆点。测出试样纵向湿材时、气干时、全干时的尺寸。

(b)计算出试样湿材时、气干时、全干时的体积。

②计算结果。

试样从湿材到全干时的体积全干缩率，按式(3-4)计算，精确至0.1%。

$$\rho_{V\max} = \frac{V_{\max} - V_0}{V_{\max}} \times 100\% \tag{3-4}$$

式中：$\rho_{V\max}$为试样体积的全干缩率，%；$V_{\max}$为试样湿材时的体积，mm^3；V_0为试样全干时的体积，mm^3。

试样从湿材到气干时的体积干缩率，按式(3-5)计算，精确至0.1%。

$$\rho_{VW} = \frac{V_{\max} - V_W}{V_{\max}} \times 100\% \tag{3-5}$$

式中：ρ_{VW}为试样体积的气干干缩率，%；V_W为试样气干时的体积，mm^3。

3)顺纹抗压强度试验

(1)原理：

沿试样的顺纹方向，以均匀速度施加压力至破坏，确定竹材的顺纹抗压强度。

(2)试样：

①试条的劈制。

②在每一试条上截取一个试样，试样尺寸为 20 mm×20 mm×t mm(竹壁厚)。

③试样制作要求和检查、试样含水率调整。

(3)试验步骤：

①在试样长度和宽度的中点处，用百分表测量竹壁厚度尺寸为试样厚度，弦向靠竹青面、竹黄面处的尺寸，取其均值为宽度，精确至0.1 mm。

②将试样放在试验机球面滑动支座的中心位置，施力方向与纤维方向平行。

③试验时以均匀速度加荷，在(1±0.5)min 内使试样破坏。将破坏荷载填入顺纹抗压强度试验记录表中。

④试样破坏后，立即将整个试样进行称量，精确至0.001 g；按标准测定试样的含水率。

(4)结果计算

试样含水率为 W 时的顺纹抗压强度，按式(3-6)计算，精确至 0.1 MPa。

$$\sigma_W = \frac{P_{max}}{bt} \qquad (3-6)$$

式中：σ_W 为试样含水率为 W 时的顺纹抗压强度，MPa；P_{max} 为破坏荷载，N；b 为试样宽度，mm；t 为试样厚度(竹壁厚)，mm。

4)抗弯强度试验

(1)原理：

采用简支梁的支撑方式，在试样长度的中央，匀速施加集中荷载至破坏，求出竹材的抗弯强度。

(2)试样：

①试条劈制。

②试样尺寸为 160 mm×10 mm×t mm(竹壁厚)。

③试样制作要求和检查、试样含水率调整。

(3)试验步骤：

①抗弯强度只作弦向试验。在试样长度中点处用百分表测量竹壁厚尺寸为试样宽度，弦向靠竹青面、竹黄面处的尺寸，取其均值为高度，精确至 0.1 mm。

②采用中央单点加荷，将试样放在试验装置的两个支座上，跨距为 120 mm。沿试样弦向以均匀速度加荷，在(1±0.5)min 内使试样破坏。将破坏荷载填入抗弯强度试验记录表中，精确至 10 N。

③试验后，立即在试样靠近破坏处，截取一个约 30 mm 长的竹块进行称量，精确至 0.001 g。按标准测定试样的含水率。

(4)结果计算：

试样含水率为 W 时的抗弯强度，按式(3-7)计算，精确至 0.1 MPa。

$$\sigma_{bW} = \frac{3P_{max}L}{2bh^2} \qquad (3-7)$$

式中：σ_{bW} 为试样含水率为 W 时的抗弯强度，MPa；P_{max} 为破坏荷载，N；L 为两支座间跨距，为 120 mm；b 为试样宽度(竹壁厚)，mm；h 为试样高度，mm。

5)顺纹抗剪强度试验

(1)原理：

由加压方式所形成的剪切力，使试样受剪面呈顺纹剪切破坏，以测定竹材的顺纹抗剪强度。

(2)试样：

①试条劈制。

②在每一试条上截取一个试样，试样形状、尺寸见规范。试样受剪面为径

面,长度为顺纹方向。

③试样按制作要求和检查、试样含水率的测定要求进行调整。

(3)试验步骤:

①用游标卡尺刀口处测量受剪面长度及厚度(竹壁厚),精确至 0.1 mm。

②将试样装入抗剪试验装置中。用调整螺杆移动垫块,直到与试样密切接触为止,但不许用调整螺杆紧压垫块和试样。

③将装好试样的试验装置,放在试验机上,使压块的中心对准试验机上压头的中心位置。

④试验时以均匀速度加荷,在(1±0.5)min 内使试样破坏,将破坏荷载填入顺纹抗剪强度记录表中,精确至 10 N。

⑤将试样破坏后的大块部分立即称量,精确至 0.001 g,按标准测定试样含水率。

(4)结果计算:

试样含水率为 W 时的顺纹抗剪强度,按式(3-8)计算,精确至 0.1 MPa。

$$\tau_W = \frac{P_{max}}{tL} \tag{3-8}$$

式中:τ_W 为试样含水率为 W 时的顺纹抗剪强度,MPa;P_{max} 为破坏荷载,N;t 为试样厚度,mm;L 为试样受剪面长度,mm。

6)顺纹抗拉强度试验

(1)原理:

沿试样的顺纹方向,匀速施加拉力至破坏,求出竹材的顺纹抗拉强度。

(2)试样:

①试条劈制。

②试样形状和尺寸见规定。

③试样按制作要求和检查、试样含水率的测定要求进行调整。

④试材节间长度不足 280 mm 时,允许在试样的夹持部分带有竹节。试样中部 60 mm 的有效部分与两端夹持部分之间的过渡弧表面应平滑,并与试样中心线相对称。

(3)试验步骤:

①在试样有效部分中央,用游标卡尺测量试样的宽度(竹壁厚)和厚度,精确至 0.1 mm。

②将试样两端夹紧在试验机的钳口中,使试样的两个径面与钳口相接触,竖直地安装在试验机上。

③试验时以均匀速度加荷载,在(1±0.5)min 内使试样破坏。将破坏荷载填

入顺纹抗拉强度记录表中, 精确至 10 N。

④拉断不在有效部分或有效部分拉断宽度不足 1/2 的试验数据应予舍弃。

⑤试验后, 立即在靠近拉断部分选取一段, 按标准测定试样的含水率。

(4)结果计算:

试样含水率为 W 时的顺纹抗拉强度, 按式(3-9)计算, 精确至 0.1 MPa。

$$\sigma_W = \frac{P_{max}}{bt} \tag{3-9}$$

式中: σ_W 为试样含水率为 W 时的顺纹抗拉强度, MPa; P_{max} 为破坏荷载, N; b 为试样有效部分宽度(竹壁厚), mm; t 为试样有效部分厚度, mm。

3.1.2 集成竹力学性能

传统原竹存在一些先天的缺陷, 比如竹竿形状差异、刚度不够、材性变异大等缺点, 因此出现了竹材集成技术。竹集成材是以原竹为原料, 通过一系列的物理和化学加工, 在一定的温度和压力下, 借助胶黏剂或竹材自身的结合力的作用, 胶合而成的板材和型材。和传统的结构材料相比, 竹集成材轻质高强, 使得结构所占的面积更少, 同时也能满足建筑上大开间、灵活分割的要求; 况且结构及配套技术相应部件的绝大部分易于定型化、标准化, 实现构件的工厂预制和现场装配化施工, 使之可以实现住宅建筑技术集成化、产业化和工业化新思路, 提高住宅的科技含量。

1. 竹集成材制造工艺

图 3-1 所示为竹集成材制造工艺。

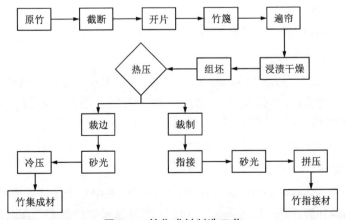

图 3-1 竹集成材制造工艺

2. 工艺要点

竹集成材原竹以毛竹和龙竹等大型的竹材为主,用压机截成 2.55 m 长的竹段。竹段剖成片,去掉竹节,取宽约 25 mm 的竹片除去竹青和竹黄后剖成厚 1 mm 左右的竹篾,用细线把竹篾编成 1.3 m 宽的竹篾帘,待浸渍干燥至含水率为 12% 左右,酚醛胶浸胶量一般为 200 g/m²,组坯层数根据层积材的密度、厚度及竹帘厚度等因素确定。热压温度为 130~140 ℃,热压时间为 2 min/mm,热压压力为 3.5 MPa。热压制成的竹层积板材经裁边砂光后,将多块竹层积板材各边对齐胶合冷压成竹集成材,厚约 40 mm、胶合压力为 1.5 MPa,加压时间一般是 4 h,温度不得低于 15 ℃;冷压胶采用间苯二酚树脂胶(固体含量为 550 g/L,黏度为 666 mm²/s),双面辊涂,涂胶量为 180 g/m²(单面),涂胶后闭合陈化约 22 min。

竹指接集成材沿竹层积板材的长度方向锯成一定宽度厚板条,厚板条通过指接的方法接长,将放在集成材两侧面的指接厚板条进行单面砂光,放在集成材中间的指榫条需要两面砂光。然后把指接过的厚板条以指接部位错开拼压成竹指接集成材。试验所用竹指接集成材断面为 40 mm×40 mm,含 2 个指接。试验试件采用有榫肩指接,指榫长为 30 mm,指顶宽 2 mm,斜度 1/9,指榫间隙为 1.5~2.1 mm。采用间苯二酚树脂胶,指接压力为 5~8 MPa(常温下 30~40 min),再养生 48 h。拼压采用间苯二酚树脂胶,拼压的指接条砂光面全部涂胶,涂胶量约 200 g/m²,拼压压力为 1.5 MPa,在室温下拼压时间为 3~4 h。

3. 力学性能

考虑竹集成材及竹指接集成材在轴向力作用下的应力与应变的线性关系与竹材相似,故竹集成材及竹指接集成材的弹性模量、抗拉强度和抗压强度的测定按《竹材物理力学性能试验方法》(GB/T 15780—1995)进行,其中抗弯强度和抗剪强度的测定国内尚无相关的标准,因而试验参照日本 JAS SLVL STANDARD-1993《结构用单板层积材标准》。

4. 抗弯强度

试件尺寸为 920 mm×40 mm×40 mm,共 8 个,其中 4 个试件做竹集成材加载试验,另外 4 个做竹指接集成材加载试验,加载采用分级加载,每级荷载为 250 N,直至破坏。试验仪器为荷载传感器、位移传感器、动态应变仪和 X-Y 记录仪等。

5. 抗剪强度

试件尺寸为 240 mm×40 mm×40 mm,共 8 个,其中 4 个试件作横向加载试验,另 4 个做纵向加载试验,以 5 mm/min 的速度匀速对试件加载,直至破坏。数据采集用荷载传感器、位移传感器、动态应变仪和 X-Y 记录仪等。

6. 与其他建材力学性能对比

江泽慧团队通过对结构竹集成材的物理力学性能进行研究得出：竹集成材的水平剪切强度明显优于桉树、马尾松、落叶松、杨木、思茅松等 5 种；竹集成材的 MOE 和 MOR 性能非常优良，竹指接集成材 MOE 与竹集成材持平，MOR 有大幅降低。竹集成材的水平剪切强度、MOE 和 MOR 都超过常见建筑用针叶树材的相关性能，用作建筑材料具有可行性；竹集成材的抗老化性能较差，水煮后剥离率较高，但其在水煮后仍能保持很好的水平剪切强度。

张叶田团队通过对竹集成材与常见建筑结构材的力学性能进行比较得出：竹集成材的抗拉强度和抗弯强度超过落叶松、水曲柳、杉木，并远大于 C20 砼和烧结多孔砖的强度，且竹集成材密度小具有较高的强重比；竹集成材的抗压强度超过落叶松、水曲柳和杉木，略低于毛竹，高于 C20 砼和烧结多孔砖的强度，竹集成材强度高、密度低，使得结构所占的面积更少，提高了建筑使用面积；竹集成材的抗剪强度高于木材的抗剪强度，木材的顺纹抗剪破坏是沿木纹方向劈开，木材达到最大强度即破裂，是一种脆性破坏，而竹集成材抗剪破坏则表现出很好的延性，在达到极限荷载时不发生瞬间破坏，是一种塑性破坏。

竹集成材作为一种新型建筑结构材料，与传统建筑竹材相比，不再受到自然的限制，制造竹集成材的尺寸和形状相对自由，完全可根据设计需要制造出不同形状的结构用材，这给建筑结构设计带来很大的自由度，也为大跨度建筑和各种富有创意的结构造型设计创造了条件，同时在建筑产品生产过程中，竹集成材易实现构件模数化、标准化，这对推进我国住宅产业化和工业化，提高住宅的科技含量，实现住宅可持续发展，有着重要的意义。

3.2　木结构力学性能
>>>

1. 原木力学性能

制作木结构的主要材料可分为两大类，一是天然木材，二是工程木制品。天然木材可以分为原木、方木或板材和规格材。原木是指树干经砍去枝杈去除树皮后的圆木。树干在生长过程中直径从根部至梢部逐渐变小，呈平缓的圆锥体，存在天然的斜率。选材时要求其斜率不超过 0.9%，即 1 m 长度上直径改变不大于 9 mm，否则将影响使用。原木径级以梢径记，一般梢径为 80~200 mm，长度为 4~8 m。

1)抗拉强度

原木顺纹受拉破坏时,木纤维往往未被拉断,而纤维间先被撕裂。顺纹抗拉强度在木材所有强度中是最大的,为顺纹抗压强度的 2~3 倍。木材的疵点(木节、斜纹等)对顺纹抗拉强度的影响很大,因而木材实际的顺纹抗拉能力反而较顺纹抗压能力差。再者,木材受拉杆件连接处应力复杂,使顺纹抗拉强度难以充分利用。

根据《无疵小试样木材物理力学性质试验方法 第 14 部分:顺纹抗拉强度测定》进行木材顺纹抗拉强度的测定。

试验设备:试验机、游标卡尺、木材含水率测定设备。

注意:试验机的十字头、卡头或其他夹具行程不小于 400 mm,夹钳的钳口尺寸为 10~20 mm,并具有球面活动接头,以保证试样沿纵轴受拉,防止纵向扭曲。

试材锯解及试样截取:根据《木材物理力学试材锯解及试样截取方法》GB/T 1929—2009 按下图在小头断面沿南北、东西方向划线,并分别编组,锯成截面约为 40 mm×40 mm 的试条。对不能按图 3-2 所示的锯解的小径木,试条可在髓心以外部分均匀分布截取。

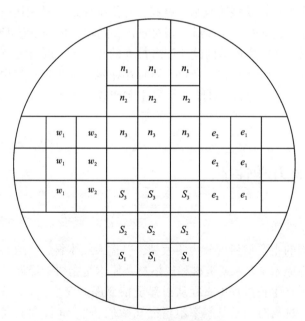

图 3-2 试材划线锯解方法

试样形状与尺寸见规范。

试验步骤：

①在试样有效部分中央，测量厚度和宽度，精确至 0.1 mm。

②将试样两端夹紧在试验机的钳口中，使试样宽面与钳口相接触，两端靠近弧形部分露出 20～25 mm，竖直地安装在试验机上。

③试验以均匀速度加载，在 1.5～2.0 min 内使试样破坏，破坏荷载精确至 100 N。

④如拉断处不在试样有效部分，试验结果应予舍弃。

⑤试样试验后，立即在有效部分选取一段，测定试样含水率。

结果计算：试样含水率为 ω 时的顺纹抗拉强度，应按式(3-10)计算，精确至 0.1 MPa。

$$\sigma_\omega = \frac{P_{\max}}{bt} \tag{3-10}$$

式中：σ_ω 为试样含水率为 ω 时的顺纹抗拉强度，MPa；$P_{\max}$ 为破坏荷载，N；b 为试样宽度，mm；t 为试样厚度，mm。

根据《木材横纹抗拉强度试验方法》GB 14017—2009 进行横纹抗拉试验。

试验设备：如上同

试材锯解及试样截取：按规范截取 300 mm×35 mm×170 mm 的径向木条。

试样形状与尺寸见规范。

试验步骤：

①在试样有效部分中部，测量宽度和厚度，精确至 0.1 mm。

②将试样竖直地放在试验机夹持装置内，用螺旋夹夹紧部分的窄面。

③试验以均匀速度加载，在 1.5～2.0 min 内使试样破坏，破坏荷载精确至 10 N。

④如拉断处不在试样有效部分，试验结果应予舍弃。

⑤试样试验后，立即在有效部分截取一段，测定试样含水率。

结果计算：同上。

2) 抗压强度

木材顺纹受压时，木纤维可能受压屈曲，破坏时试件表面因此出现皱折并呈现明显的塑性变形特征。当应力在抗压极限强度的 20%～30% 时，应力、应变基本成线性关系，当高于 30% 时成非线性关系。木材的顺纹抗压强度为顺纹抗拉强度的 40%～50%。木材顺纹受压具有塑性变形能力，使得缺陷对木结构抗压和抗拉承载力的影响程度不同。受压时缺陷区的应力集中一旦超过一定水平，木材产生塑性变形而发生应力重分布，从而缓解了应力集中造成的危害。这就是木材受拉和受压对缺陷的敏感程度不同的原因之一。另一方面，木材中的某些裂缝空隙会因此受压而密实,这类缺陷的不利影响较之受拉情况弱。

顺纹抗压。木材顺纹受压破坏是木材细胞壁丧失稳定性的结果,而非纤维的断裂。木材顺纹抗压强度较高,仅次于顺纹抗拉与抗弯强度,且木材的疵点对其影响甚小,因此这种强度在土木工程中利用最广。

横纹抗压。这种受压作用,使木材的细胞腔被压扁,产生大量变形。开始时变形与外力成正比,超过比例极限时细胞壁失去稳定,细胞腔被压扁。木材的横纹抗压强度由使用中所限制的变形量来决定,通常取其比例极限作为横纹抗压强度极限标指标。横纹抗压强度一般为顺纹抗压强度的10%~20%。

(1)根据《木材顺纹抗压强度试验方法》GB/T 1935—2009进行木材顺纹抗压强度的测定。

试验设备:试验机,测定荷载的精度应符合GB/T 1928—2009第6章的要求,并具有球面滑动支座;测试量具测量尺寸应精确至0.1 mm。

试样:试材锯解及试样截取按GB/T 1929—2009中的第3章规定进行(同顺纹抗拉试样)。试样尺寸为30 mm×20 mm×20 mm,长度为顺纹方向。试样制作要求和检查、试样含水率的调整,分别参照GB/T 1928—2009第3章和第4章规定。供制作试样的试条,从试材树皮向内南北方向连续截取,并按试样尺寸留足干缩和加工余量。

试验步骤:

①在试样长度中央,测量宽度及厚度,精确至0.1 mm。

②将试样放在试验机球面活动支座的中心位置,以均匀速度加载,在1.5~2.0 min内使试样破坏,即试验机的指针明显退回或数字显示的荷载有明显减小。将破坏荷载记录,荷载允许测得的精度为100 N。

③试样破坏后,对整个试样测定试样含水率。

计算结果:同顺纹抗拉强度计算公式。

(2)根据《木材横纹抗压强度试验方法》GB 1939—2009进行横纹抗压试验。

试验设备:试验机(精度同顺纹抗压试验)并具有球面滑动支座;试验机应有记录装置,记录荷载的荷载步距,应不大于50 N/mm;记录试样变形的刻度间隔,应不大于0.01 mm/min。当试验机的记录装置不能利用时,应用精确至0.01 mm的试验装置测量试样变形,见规范中游标卡尺、木材含水率测定设备。

木材横纹全部抗压试验:试样:同顺纹抗压强度试样。

试验步骤:

①分别用径向和弦向试样进行试验。测量试样的长度和长度中央的宽度,精确至0.1 mm。弦向试验时,试样的宽度为径向;径向试验时,试样的宽度为弦向。

②将试样放在试验机的球面滑动支座中心处。弦向试验时,在试样径面加

荷；径向试验时，在试样弦面加荷。

③试验以均匀速度加荷，在 1~2 min 内达到比例极限荷载。

④使用规定的试验装置时，应在正式试验之前，用 3~5 个试样进行观察试验，使在比例极限内能取得不少于 8 个点的荷载间隔。在不停止加荷情况下，每间隔相等的规定荷载，记录一次变形，读至 0.005 mm，直至变形明显地超出比例极限荷载时为止。根据试验取得的每组荷载和变形值，以纵坐标表示荷载（坐标比例每毫米应不大于 50 N）、以横坐标表示变形（坐标比例每毫米应不大于 0.01 mm）绘制荷载–变形曲线，取荷载–变形曲线图上开始偏离直线的一点确定为比例极限荷载。

⑤对具有自动记录荷载变形且具有自动计算比例极限荷载的装置，可直接使用其比例极限荷载数值，该数值精确至 50 N。

试验后，测定试样含水率。

结果计算：试样含水率为 W 时径向或弦向的横纹全部抗压比例极限应力，应按式（3-11）计算，精确至 0.1 MPa。

$$\sigma_{yW}=\frac{P}{bl} \qquad\qquad (3-11)$$

式中：σ_{yW} 为试样含水率为 W 时径向或弦向的横纹全部抗压比例极限应力，MPa；P 为比例极限荷载，N；b 为试样宽度，mm；l 为试样长度，mm。

木材横纹局部抗压试验：试样长×宽×高为 60 mm×20 mm×20 mm，长度为顺纹方向，其他要求与全部抗压试验相同。

试验步骤：

①分别用弦向、径向试样进行试验。在试样长度中央测量宽度，精确至 0.1 mm；在用弦向试样进行试验时，试样的宽度为径向；在用径向试样进行试验时，试样的宽度为弦向。

②在 60 mm×20 mm×20 mm 试样的受压面上，距两端 20 mm 处划两条垂直于长轴的平行线；对 150 mm×50 mm×50 mm 的试样，在受压面上距两端 50 mm 处划线。

③将试样放在试验机的球面滑动支座上，使试样中心位于支座中心。

加压钢块的长、宽、厚，对 2 规定的试样用 30 mm×20 mm×10 mm；对 3 规定的试样用 70 mm×50 mm×10 mm。在用弦向试样进行试验时，在试样径面上加荷；在用径向试样进行试验时，在试样弦面上加荷。然后按全部抗压试验的步骤继续进行试验。

结果计算：试样含水率为 W 时径向或弦向的横纹局部抗压比例极限应力，应按式（3-12）计算，精确至 0.1 MPa。

$$\sigma_{yW} = \frac{P}{ab}$$ (3-12)

式中：σ_{yW} 为试样含水率为 W 时径向或弦向的横纹局部抗压比例极限应力，MPa；P 为比例极限荷载，N；a 为加压钢块宽度，mm；b 为试样宽度，mm。

3）抗弯强度

当木材受力弯曲时，内部应力复杂，在梁的上部受到顺纹抗压，下部为顺纹抗拉，而在水平面和垂直面中是剪应力。当木材受弯时，受压区首先达到强度极限，出现小皱纹，但不立即破坏，随着外力增大，受压区皱纹扩展，产生大量塑性变形，当受拉区达到强度极限时，纤维本身及纤维间联结断裂而导致破坏。

木材顺纹抗弯强度很高，为顺纹抗压强度的 1.5~2 倍，所以土木工程中应用很广。但木材疵病对其影响很大，特别是当它们分布在受拉区时。

根据现行国家规范《木材抗弯强度试验方法》GB/T 1936.1—2009，进行木材横纹抗拉强度的测定。

试验设备：试验机能测定荷载的精度到 1%，试验装置的支座及压头端部的曲率半径为 30 mm，两支座间距离应为 240 mm。测试量具应能精确至 0.1 mm。

《木材含水率测定方法》GB/T 1931—2009 第 3 章规定测定含水率的试验设备。

试样：试材锯解及试样截取按《木材物理力学试材锯解及试样截取方法》GB/T 1929—2009 第 3 章规定（同顺纹抗拉）。

试样尺寸为 300 mm×20 mm×20 mm，长度为顺纹方向。试样制作要求和检查、试样含水率的调整分别按《木材物理力学试验方法总则》GB/T 1928—2009 第 3 章和第 4 章规定。允许与抗弯弹性模量的测定用同一试样，先测定弹性模量后进行抗弯强度试验。

试验步骤：

①抗弯强度只做弦向试验，在试样长度中央测量径向尺寸为宽度，弦向为高度，精确至 0.1 mm。

②采用中央加荷，将试样放在试验装置的两支座上，在支座间试样中部的径面以均匀速度加荷，在 1~2 min 内使试样破坏（或将加荷速度设定为 5~10 mm/min），将破坏荷载填写入记录表中，精确至 10 N。

③试验后立即在试样靠近破坏处截取约 20 mm 长的木块一个，按 GB/T 1931—2009 测定试样含水率。

结果计算：试样含水率为 W 时的抗弯强度按式（3-13）计算，精确至 0.1 MPa。

$$\sigma_{bW} = \frac{3P_{max}l}{2bh^2}$$ (3-13)

式中：σ_{bW} 为试样含水率为 W 时的抗弯强度，MPa；P_{max} 为破坏荷载，N；l 为两支座间跨距，mm；b 为试样宽度，mm；h 为试样高度，mm。

4）承压强度

木材承压是指两构件相抵时，在其接触面上传递荷载的性能。该接触面上的应力称为承压应力，木材抵抗这种作用的能力称为承压强度。根据承压应力的作用方向与木纹方向的关系，可分为横纹承压、顺纹承压和斜纹承压。由于接触面不平整，木材的顺纹承压强度略低于顺纹抗压强度，但两者差别很小，一般不进行区分。

按承压面积占构件全面积的比例，木材的横纹承压又可分为全表面承压和局部承压，后者可再分为局部长度和局部宽度承压。

全表面横纹承压时的应力-应变曲线如图 3-3 所示。受力初期变形与承压应力基本呈线性关系，这是细胞壁的弹性压缩阶段，承压应力达到一定数值后，变形急剧增大，曲线上出现易拐点，称之为比例极限 σ_a^b，是细胞壁因失稳而开始被压扁所致。细胞壁被压扁后，承压应力又可继续增加，变形又开始缓慢增长，出现另一个拐点，称为硬化点。过硬化点后木材压缩变形已很大，工程中并不允许出现过大的变形，通常取比例极限作为承压强度指标。

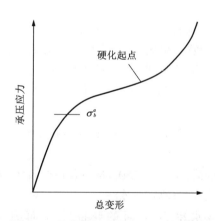

图 3-3　总变形与承压应力关系示意图

局部横纹承压与全表面横纹承压是类似的。对于局部长度上的横纹承压，不单是承压接触面下的木材将荷载扩散，而且承压面两侧的木材纤维通过弯拉作用，也帮助其承压，从而可提高其承压强度。

木材的横纹承压强度随承压应力的作用方向与木纹的夹角 a 不同而变化，$a=0°$ 时为顺纹承压强度 f_c；$a=90°$ 时为横纹承压强度 $f_{c,90}$；当 a 介于中间时，我国《木结构设计标准》GB 50005—2017 用下式计算其斜纹承压强度：

$$f_{ca} = \frac{f_c}{1+(\frac{f_c}{f_{c,90}}-1)\frac{a-10°}{80°}\sin a} \tag{3-14}$$

5）抗剪强度

木材受剪可分为顺纹受剪、横纹受剪和成角度受剪三种形式。

根据《木材顺纹抗剪强度试验方法》GB/T 1937—2009 进行木材顺纹抗剪强度的测定。

试验设备：具有球面滑动压头的试验机；木材顺纹抗剪强度试验装置；游标卡尺；含水率测定设备。

试样：

①试材锯解和试样截取，应符合 GB/T 1929—2009 第 3 章规定。

②试样形状、尺寸见规范，试样受剪面应为径面或弦面，长度为顺纹方向。

③试样制作要求和检查、试样含水率的调整，应分别符合 GB/T 1928—2009 第 3 章和第 4 章规定。

④试样缺角部分的角度应为 106°40′，应采用角规检查，允许误差为±20′。

试验步骤：

①测量试样受剪面的宽度和长度，精确至 0.1 mm。

②将试样装于试验装置的垫块 3 上（见规范中的试验装置图），调整螺杆 4 和 5，使试样的顶端和 I 面（见试样图）上部贴紧试验装置上部凹角的相邻两侧面，至试样不动为止。再将压块 6 置于试样斜面 I 上，并使其侧面紧靠试验装置的主体。

③将装好试样的试验装置放在试验机上，使压块 6 的中心对准试验机上压头的中心位置。

④试验以均匀速度加荷，在 1.5~2.0 min 内使试样破坏，荷载读数精确至 10 N。

⑤试样破坏后的小块部分测定含水率。

结果计算：试样含水率为 W 时的弦面或径面顺纹抗剪强度，应按式（3-15）计算，精确至 0.1 MPa。

$$\tau_W = \frac{0.96P_{max}}{bl} \tag{3-15}$$

式中：τ_W 为试样含水率为 W 时的弦面或径面顺纹抗剪强度，MPa；P_{max} 为破坏荷载，N；b 为试样受剪面宽度，mm；l 为试样受剪面长度，mm。

根据《木结构设计标准》（GB 50005—2017）木材强度等级对应树种如表 3-1、表 3-2 所示。

表 3-1　针叶树种木材适用的强度等级

强度等级	组别	适用树种
TC17	A	柏木 长叶松 湿地松 粗皮落叶松
	B	东北落叶松 欧洲赤松 欧洲落叶松
TC15	A	铁杉 油杉 太平洋海岸黄柏 花旗松-落叶松 西部铁杉 南方松
	B	鱼鳞云杉 西南云杉 南亚松
TC13	A	油松 西伯利亚落叶松 云南松 马尾松 扭叶松 北美落叶松 海岸松 日本扁柏 日本落叶松
	B	红皮云杉 丽江云杉 樟子松 红松 西加云杉 欧洲云杉 北美山地云杉 北美短叶松
TC11	A	西北云杉 西伯利亚云杉 西黄松 云杉—松—冷杉 铁—冷杉 加拿大铁杉 杉木
	B	冷杉 速生杉木 速生马尾松 新西兰辐射松 日本柳杉

表 3-2　阔叶树种木材适用的强度等级

强度等级	适用树种
TB20	青冈 椆木 甘巴豆 冰片香 重黄娑罗双 重坡垒 龙脑香 绿心樟 紫心木 孪叶苏木 双龙瓣豆
TB17	栎木 腺瘤豆 筒状非洲楝 蟹木楝 深红默罗藤黄木
TB15	锥栗 桦木 黄娑罗双 异翅香 水曲柳 红尼克樟
TB13	深红娑罗双 浅红娑罗双 白娑罗双 海棠木
TB11	大叶椴 心形椴

木材强度设计值和弹性模量如表 3-3 所示。

表 3-3　方木、原木等木材的强度设计值和弹性模量　　　　（N/mm²）

强度等级	组别	抗弯 f_m	顺纹抗压及承压 f_c	顺纹抗拉 f_t	顺纹抗剪 f_v	横纹承压 $f_{c,90}$			弹性模量 E
						全表面	局部表面和齿面	拉力螺栓垫板下	
TC17	A	17	16	10	1.7	2.3	3.5	4.6	10000
	B		15	9.5	1.6				

续表3-3

强度等级	组别	抗弯 f_m	顺纹抗压及承压 f_c	顺纹抗拉 f_t	顺纹抗剪 f_v	横纹承压 $f_{c,90}$			弹性模量 E
						全表面	局部表面和齿面	拉力螺栓垫板下	
TC15	A	15	13	9.0	1.6	2.1	3.1	4.2	10000
	B		12	9.0	1.5				
TC13	A	13	12	8.5	1.5	1.9	2.9	3.8	10000
	B		10	8.0	1.4				9000
TC11	A	11	10	7.5	1.4	1.8	2.7	3.6	9000
	B		10	7.0	1.2				
TB20	—	20	18	12	2.8	4.2	6.3	8.4	12000
TB17	—	17	16	11	2.4	3.8	5.7	7.6	11000
TB15	—	15	14	10	2.0	3.1	4.7	6.2	10000
TB13	—	13	12	9.0	1.4	2.4	3.6	4.8	8000
TB11	—	11	10	8.0	1.3	2.1	3.2	4.1	7000

　　注：计算木构件端部的拉力螺栓垫板时，木材横纹承压强度设计值应按"局部表面和齿面"一栏的数值采用

　　国产木材强度设计值与弹性模量规定取值：已经确定的国产树种目测分级规格材的强度设计值和弹性模量应按表3-4的规定取值。

表 3-4　国产树种目测分级规格材强度设计值和弹性模量

树种名称	材质等级	截面最大尺寸/mm	强度设计值/（N·mm^{-2}）					弹性模量 E/（N·mm^{-2}）
			抗弯 f_m	顺纹抗压 f_c	顺纹抗拉 f_t	顺纹抗剪 f_v	横纹承压 $f_{c,90}$	
杉木	I$_c$	285	9.5	11.0	6.5	1.2	4.0	10000
	II$_c$		8.0	10.5	6.0	1.2	4.0	9500
	III$_c$		8.0	10.0	5.0	1.2	4.0	9500
兴安落叶松	I$_c$	285	11.0	15.3	5.1	1.6	5.3	13000
	II$_c$		6.0	13.3	3.9	1.6	5.3	12000
	III$_c$		6.0	11.4	2.1	1.6	5.3	12000
	IV$_c$		5.0	9.0	2.0	1.6	5.3	11000

6）胶合木力学性能

胶合木构件采用的层板分为普通胶合木层板、目测分级层板和机械分级层板三类。用于制作胶合木的层板厚度不应大于 45 mm，通常为 20～45 mm。胶合木构件宜采用同一树种的层板组成。《胶合木结构技术规范》（GB/T 50708—2012）对胶合木有以下规定：目测分级层板材质等级为 4 级，其材质等级标准应符合规范表 3-5 的规定。当目测分级层板作为对称异等组合的外侧层板或非对称异等组合的抗拉侧层板，以及同等组合的层板时，表 3-6 中 Ⅰd、Ⅱd 和 Ⅲd 三个等级的层板尚应根据不同的树种级别满足下列规定的性能指标：①对于长度方向无指接的层板，其弹性模量（包括平均值和 5% 的分位值）应满足表 3-6 规定的性能指标；②对于长度方向有指接的层板，其抗弯强度或抗拉强度（包括平均值和 5% 的分位值）应满足表 3-6 规定的性能指标。

表 3-5　目测分级层板材质等级标准

项次	缺陷名称		材质等级			
			Ⅰd	Ⅱd	Ⅲd	Ⅳd
1	腐朽		不允许			
2	木节	在构件任一面任何 150 mm 长度上所有木节尺寸的总和，不得大于所在面宽的	1/5	1/3	2/5	1/2
		边节尺寸不得大于宽面的	1/6	1/4	1/3	1/2
3	斜纹 任何 1 m 材长上平均倾斜高度，不得大于		60 mm	70 mm	80 mm	125 mm
4	髓心		不允许			
5	裂缝		允许极其微小裂缝，在层板长度≥3 m 时，裂纹长度不超 0.5 m			
6	轮裂		不允许	不允许	小于板材宽度的 25%，但与边部距离不可小于宽度的 25%	
7	平均年轮宽度		≤6 m	≤6 mm	—	
8	虫蛀		允许有表面虫沟，不得有虫眼			

续表3-5

项次	缺陷名称	材质等级			
		I d	II d	III d	IV d
9	涡纹 在木板指接及其两端各 100 mm 范围内	不允许			
10	其他缺陷	非常不明显			

表3-6　目测分级层板强度和弹性模量的性能指标(N/mm²)

树种级别及目测等级				弹性模量		抗弯强度		抗拉强度	
SZ1	SZ2	SZ3	SZ4	平均值	5%分位值	平均值	5%分位值	平均值	5%分位值
I d	—	—	—	14000	11500	54.0	40.5	32.0	24.0
II d	I d	—	—	12500	10500	48.5	36.0	28.0	21.5
III d	II d	I d	—	11000	9500	45.5	34.0	26.5	20.0
—	III d	II d	I d	10000	8500	42.0	31.5	24.0	18.5
—	—	III d	II d	9000	7500	39.0	29.5	23.5	17.5
—	—	—	III d	8000	6500	36.0	27.0	21.5	16.0

《木结构设计规范》(GB/T 50005—2017)对胶合木的木材种类做出的规定，如表3-7所示。

表3-7　胶合木适用树种分级表

树种级别	适用树种及树种组合名称
SZ1	南方松、花旗松—落叶松、欧洲落叶松以及其他符合本强度等级的树种
SZ2	欧洲云杉、东北落叶松以及其他符合本强度等级的树种
SZ3	阿拉斯加黄扁柏、铁—冷杉、西部铁杉、欧洲赤松、樟子松以及其他符合本强度等级的树种
SZ4	鱼鳞云杉、云杉—松—冷杉以及其他符合本强度等级的树种

注：表中花旗松—落叶松、铁—冷杉产地为北美地区；南方松产地为美国。

采用目测分级和机械弹性模量分级层板制作的胶合木的强度设计指标值应按下列规定采用：①胶合木分为异等组合与同等组合两类，异等组合分为对称组合与非对称组合。②胶合木强度设计值及弹性模量应按表 3-8 ~ 表 3-10 的规定取值。

表 3-8　对称异等组合胶合木的强度设计值和弹性模量（N/mm²）

强度等级	抗弯 f_m	顺纹抗压 f_c	顺纹抗拉 f_t	弹性模量 E
TC$_{YD}$40	27.9	21.8	16.7	14000
TC$_{YD}$36	25.1	19.7	14.8	12500
TC$_{YD}$32	22.3	17.6	13.0	11000
TC$_{YD}$28	19.5	15.5	11.1	9500
TC$_{YD}$24	16.7	13.4	9.9	8000

注：当荷载的作用方向与层板窄边垂直时，抗弯强度设计值 f_m 应乘以 0.7 的系数，弹性模量 E 应乘以 0.9 的系数。

表 3-9　非对称异等组合胶合木的强度设计值和弹性模量（N/mm²）

强度等级	抗弯 f_m		顺纹抗压 f_c	顺纹抗拉 f_t	弹性模量 E
	正弯曲	负弯曲			
TC$_{YF}$38	26.5	19.5	21.1	15.5	13000
TC$_{YF}$34	23.7	17.4	18.3	13.6	11500
TC$_{YF}$31	21.6	16.0	16.9	12.4	10500
TC$_{YF}$27	18.8	13.9	14.8	11.1	9000
TC$_{YF}$23	16.0	11.8	12.0	9.3	6500

注：当荷载的作用方向与层板窄边垂直时，抗弯强度设计值 f_m 应乘以 0.7 的系数，弹性模量 E 应乘以 0.9 的系数。

表 3-10　同等组合胶合木的强度设计值和弹性模量（N/mm²）

强度等级	抗弯 f_m	顺纹抗压 f_c	顺纹抗拉 f_t	弹性模量 E
TC$_T$40	27.9	23.2	17.9	12500
TC$_T$36	25.1	21.1	16.1	11000

续表3-10

强度等级	抗弯 f_m	顺纹抗压 f_c	顺纹抗拉 f_t	弹性模量 E
TC_T32	22.3	19.0	14.2	9500
TC_T28	19.5	16.9	12.4	8000
TC_T24	16.7	14.8	10.5	6500

《胶合木结构技术规范》(GB/T 50708—2012)对胶合木所使用胶水进行规定:胶合木结构用胶必须满足结合部位的强度和耐久性的要求,应保证其胶合强度不低于木材顺纹抗剪和横纹抗拉的强度。胶黏剂的防水性和耐久性应满足结构的使用条件和设计使用年限的要求,并应符合环境保护的要求。

结构用胶黏剂应根据胶合木结构的使用环境(包括气候、含水率、温度)、木材种类、防水和防腐要求以及生产制造方法等条件选择使用。

承重结构采用的胶黏剂按其性能指标分为Ⅰ级胶和Ⅱ级胶。在室内条件下,普通的建筑结构可采用Ⅰ级或Ⅱ级胶黏剂。对下列情况的结构应采用Ⅰ级胶黏剂:重要的建筑结构;使用中可能处于潮湿环境的建筑结构;使用温度经常大于50 ℃的建筑结构;完全暴露在大气条件下,以及使用温度小于50 ℃,但是所处环境的空气相对湿度经常超过85%的建筑结构。

当承重结构采用酚类胶和氨基塑料缩聚胶黏剂时,胶黏剂的性能指标应符合表3-11的规定。当承重结构采用单成分聚氨酯胶黏剂时,胶黏剂的性能指标应符合表3-12的规定。

表 3-11　承重结构用酚类胶和氨基塑料缩聚胶黏剂性能指标

性能项目		Ⅰ级胶黏剂		Ⅱ级胶黏剂		试验方法
	胶缝厚度	0.1 mm	1.0 mm	0.1 mm	1.0 mm	
剪切强度特征值/ $(N \cdot mm^{-2})$	A1	10	8	10	8	应符合本规范第A.1节的规定
	A2	6	4	6	4	
	A3	8	6.4	8	6.4	
	A4	6	4	不要求循环处理	不要求循环处理	
	A5	8	6.4	不要求循环处理	不要求循环处理	

续表3-11

性能项目	Ⅰ级胶黏剂	Ⅱ级胶黏剂	试验方法
浸渍剥离	高温处理；任何试件中最大剥离率小于 5.0%	低温处理；任何试件中最大剥离率小于 10.0%	应符合本规范第 A.2 节的规定
垂直于胶缝的拉伸试验	胶合部件的平均垂直拉伸退度应符合：①控制件不应低 2 N/mm²；②处理件不应低于控制件平均值的 80%		应符合本规范第 A.4 节的规定
木材干缩试验	平均压缩剪切强度不低于 1.5 N/mm²		应符合本规范第 A.5 节的规定

注：A1~A5 为剪切试验时试件的 5 种处理方法，应符合本规范表 A.1.4 的规定，胶缝厚度为 0.1 mm 和 1.0 mm。

表 3-12　承重结构用单成分聚氨酯胶黏剂性能指标

性能项目		Ⅰ级胶黏剂		Ⅱ级胶黏剂		试验方法
	胶缝厚度	0.1 mm	0.5 mm	0.1 mm	0.5 mm	应符合本规范第 A.1 节的规定
剪切强度特征值/（N·mm⁻²）	A1	10	9	10	9	
	A2	6	5	6	5	
	A3	8	7.2	8	7.2	
	A4	6	5	不要求循环处理	不要求循环处理	
	A5	8	7.2	不要求循环处理	不要求循环处理	
浸渍剥离		高温处理；任何试件中最大剥离率小于 5.0%		低温处理；任何试件中最大剥离率小于 10.0%		应符合本规范第 A.2 节的规定
耐久性试验		在测试期间，6 个胶缝试件中不得有 1 个失败；测试后，每个剩余试件中平均蠕变变形不得超过 0.05 mm				应符合本规范第 A.3 节的规定
垂直于胶缝的拉伸试验		垂宜于胶缝的平均拉伸强度应符合：①控制件不应低于 5 N/mm²；②处理件不应低于控制件平均值的 80%				应符合本规范第 A.4 节的规定

注：A1~A5 为剪切试验时试件的 5 种处理方法，应符合本规范表 A.1.4 的规定，胶缝厚度为 0.1 mm 和 0.5 mm。

《胶合木结构技术规范》(GB/T 50708—2012)对胶合木设计指标和标准值进行规定:采用普通胶合木层板制作胶合木的设计指标应按下列规定采用。普通层板胶合木的强度等级应根据选用的树种按表3-13的规定采用。在正常情况下普通层板胶合木强度设计值及弹性模量应按表3-14规定采用。

表3-13 普通层板胶合木适用树种分级表

强度等级	组别	适用树种
TC17	A	柏木、长叶松、湿地松、粗皮落叶松
	B	东北落叶松、欧洲赤松、欧洲落叶松
TC15	A	铁杉、油杉、太平洋拓岸黄柏、花旗松—落叶松、西部铁杉、南方松
	B	鱼鳞云杉、西南云杉、南亚松
TC13	A	油松、新疆落叶松、云南松、马尾松、扭叶松、北美落叶松、海岸松
	B	红皮云杉、丽江云杉、樟子松、红松、西加云杉、俄罗斯红松、欧洲云杉、北美山地云杉、北美短叶松
TC11	A	西北云杉、新疆云杉、北美黄松、云杉—松—冷杉、铁—冷杉、东部铁杉、杉木
	B	冷杉、速生杉木、速生马尾松、新西兰辐射松

表3-14 普通层板胶合木的强度设计值和弹性模量(N/mm²)

强度等级	组别	抗弯 f_m	顺纹抗压及承压 f_c	顺纹抗拉 f_t	顺纹抗剪 f_v	横纹承压 $f_{c,90}$			弹性模量 E
						全表面	局部表面和齿面	拉力螺栓垫板下	
TC17	A	17	16	10	1.7	2.3	3.5	4.6	10000
	B		15	9.5	1.6				
TC15	A	15	13	9.0	1.6	2.1	3.1	4.2	10000
	B		12	9.0	1.5				
TC13	A	13	12	8.5	1.5	1.9	2.9	3.8	10000
	B		10	8.0	1.4				9000
TC11	A	11	10	7.5	1.4	1.8	2.7	3.6	9000
	B		10	7.0	1.2				

在不同的使用条件下胶合木强度设计值和弹性模量尚应乘以表 3-15 规定的调整系数。对于不同的设计使用年限，胶合木强度设计值和弹性模量还应乘以表 3-16 规定的调整系数。

表 3-15 不同使用条件下胶合木强度设计值和弹性模量的调整系数

使用条件	调整系数	
	强度设计值	弹性模量
使用中胶合木构件含水率大于 15% 时	0.8	0.8
长期生产性高温环境，木材表面温度达 40~50 ℃	0.8	0.8
按恒荷载验算时	0.65	0.65
用于木构筑物时	0.9	1.0
施工和维修时的短暂情况	1.2	1.0

注：1. 当仅有恒荷载或恒荷载产生的内力超过全部荷载所产生的内力的 80% 时，应单独以恒荷载进行验算；

2. 使用中胶合木构件含水率大于 15% 时，横纹承压强度设计值上应再乘以 0.8 的调整系数；

3. 当若干条件同时现出现时，表列各系数应连乘。

表 3-16 不同设计使用年限时胶合木强度设计值和弹性模量的调整系数

设计使用年限	调整系数	
	强度设计值	弹性模量
25 年	1.05	1.05
50 年	1.0	1.0
100 年及以上	0.9	0.9

当采用普通胶合木层板制作胶合木构件时，构件的强度设计值按整体截面设计，不考虑胶缝的松弛性。在设计受弯、拉弯或压弯的普通层板胶合木构件时，按以上各款确定的抗弯强度设计值应乘以表 3-17 规定的修正系数。工字形和 T 形截面的胶合木构件，其抗弯强度设计值除按表 3-17 乘以修正系数外，尚应乘以截面形状修正系数 0.9。

表 3-17 胶合木构件抗弯强度设计值修正系数

宽度/mm	截面高度 h/mm						
	<150	150~500	600	700	800	1000	≥1200
b<150	1.00	1.00	0.95	0.90	0.85	0.80	0.75
b≥150	1.00	1.15	1.05	1.00	0.90	0.85	0.80

对于曲线形构件，抗弯强度设计值除应遵守以上各款规定外，还应乘以由下式计算的修正系数。

$$k_r = 1 - 2000\left(\frac{t}{R}\right)^2 \qquad (3-16)$$

式中：k_r 为胶合木曲线形构件强度修正系数；R 为胶合木曲线形构件内边的曲率半径，mm；t 为胶合木曲线形构件每层木板的厚度，mm。

采用目测分级层板和机械弹性模量分级层板制作的胶合木的强度设计指标应按规定采用，胶合木构件顺纹抗剪强度设计值应按表 3-18 规定采用。胶合木构件横纹承压强度设计值应按表 3-19 规定采用。

表 3-18 胶合木构件顺纹抗剪强度设计值(N/mm²)

树种级别	强度设计值 f_v
SZ1	2.2
SZ2、SZ3	2
SZ4	1.8

表 3-19 胶合木构件横纹承压强度设计值(N/mm²)

树种级别	强度设计值 $f_{c,90}$		全表面承压
	局部承压		
	构件中间承压	构件端部承压	
SZ1	7.5	6.0	3.0
SZ2、SZ3	6.2	5.0	2.5
SZ4	5.0	4.0	2.0

续表3-19

树种级别	强度设计值$f_{c,90}$		
	局部承压		全表面承压
	构件中间承压	构件端部承压	
承压位置示意图	构件中间承压	构件端部承压 当 $h \geq 100$ mm 时， $a \leq 100$ mm； 当 $h \geq 100$ mm 时， $a \leq h$	构件全表面承压

胶合木斜纹承压的强度设计值可按下式计算：

$$f_{c,\theta} = \frac{f_c f_{c,90}}{f_c \sin^2\theta + f_{c,90} \cos^2\theta} \qquad (3\text{-}17)$$

式中：f_c 为胶合木构件的顺纹抗压强度设计值，N/mm^2；$f_{c,90}$ 为胶合木构件的横纹承压强度设计值，N/mm^2；$f_{c,\theta}$ 为胶合木斜纹承压强度设计值，N/mm^2；θ 为荷载与构件纵向顺纹方向的夹角0°~90°。

3.3　竹木组合结构力学性能 >>>

3.3.1　竹-木基材力学性能评价

木结构用材可分为两类：针叶材和阔叶材。针叶材质相对比较软，因此学术界习惯将其命名为软木；而阔叶材质相对偏硬，学术界习惯将其命名为硬木。为了提高国内森林资源的利用率，本节利用益阳本地樟子松和楠竹作为主要材料，开展木材受压试验(包括顺纹受压、全表面横纹承压及尽端、中间局部表面横纹承压)、竹片受拉试验、竹接方式受力性能试验及竹木胶黏试件剪切实验，研究竹木基材与胶黏剂的力学性能。

3.3.2　木材受压试验

将樟子松作为研究对象，通过试验分析顺纹抗压和横纹承压的变化规律，并计算了弹性模量及抗压强度这两个重要参数。

1. 试验设计

试验仪器设备：WAW-2000D 万能试验机、引伸计、游标卡尺。

根据《木结构试验方法标准》(GB/T 50329—2012) 相关规定可知，在分组试验的过程中，要合理控制试件数量，每组一般 5 个以上；检测顺纹受压弹性模量的试件，其截面宽度要在 60 mm 以上，高度需控制在截面宽度的 6 倍以内；检测横纹承压比例极限的试件，应按照现行规范明确要求的尺寸进行设置。

本次试验设计 4 组共 20 个试件。其中，顺纹受压、中间局部表面横纹受压和尽端局部表面横纹受压试件规格均为 80 mm×80 mm×240 mm，全表面横纹承压试件规格为 80 mm×80 mm×120 mm。在进行试验时，按照特定顺序将试件置于万能试验机上，确保接触面无缝贴合，按照规定加载，直至试件破坏。加载过程照片详见图 3-4。

图 3-4　木材受压试验

具体加载制度及关键步骤如下：

(1) 顺纹受压：在试样长度中央，测量其宽度及厚度，精确至 0.1 mm。

将试样放在试验机球面活动支座的中心位置，沿顺纹方向以均匀速度加荷，加载的上下限荷载为 1000~4000 N，先以 0.50 mm/min 的速度加载至下限荷载，加载读数变动范围在 ±25%，立即读出应变仪数值，记下数据，再以相同的加载速率加载至加载上限，并记录读数，立即卸载，如此重复 6 次。（每次卸载时，应稍低于下限荷载，然后直接加载至超过上限荷载，加载最大荷载不超过试样比例极限荷载且不让试样出现压缩破坏状态。）

试验后，立即从测定顺纹抗压弹性模量试样中部截取约 20 mm 长的木块一个，按照 GB/T 1931—2009 规定测定试样含水量。

（2）横纹受压：试验加载装置见图 3-5。

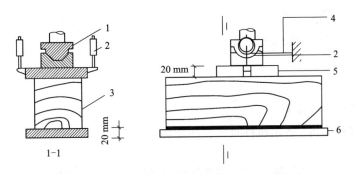

1—球形压头；2—百分表；3—试件；4—百分表支撑架；5、6—钢垫板。

图 3-5　横纹承压试验装置

试验在 20 t 万能试验机上进行。试件底部置于试验机的台座上，整个试件底部全部受力。将 120 mm×120 mm×20 mm 的钢块置于试件加载处，荷载通过钢块传递到试件上。采用位移控制法进行加载。试验前，使用一小荷载测试所有设备并确保加载板与试件充分接触，之后以 0.5 mm/min 的加载速度进行试验。当荷载达到试验极限荷载的 85% 或钢块完全嵌入试材内时停止加载。试验机自动采集加载板在加载过程中的总位移。

（3）顺纹抗压弹性模量：试件长度为顺纹方向，要求试样的上下端表面平滑，互相平行且与长度方向保持垂直，见图 3-6。将应变片粘贴于长度方向相对的两面，应变片标距在长度方向 1040 mm 处，见图 3-7。

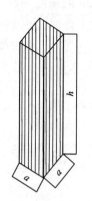

图 3-6　木材顺纹抗压弹性模量试件

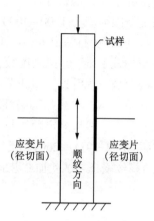

图 3-7　应变片测点布置

2. 试验结果与分析

通过整理分析，各组试件具体破坏形态见图 3-8。

图 3-8　试件破坏形态

根据各组试件表现，选择最具有代表性的试件，结合数据分析绘制荷载-位移关系曲线图(图 3-9)。

由图 3-9 可得：TA1~TA5 是一种顺纹受压试件。加载初期，因为试验机与试件没有完全碰触，曲线平缓；之后随着荷载的增加，位移不断增加，曲线呈直线增长，此时处于弹性阶段；随着荷载的进一步增大，位移迅速增加，荷载增加

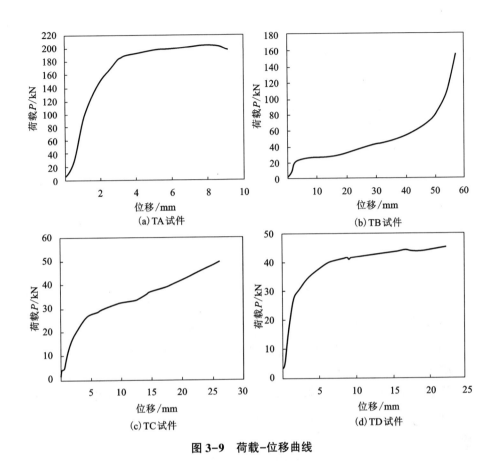

图 3-9　荷载-位移曲线

较少，曲线平缓；最后荷载不再增加，位移迅速增大，试件被破坏。

　　TB1～TB5 是一种全表面横纹承压试件。加载初期，试验机与试件完全接触，位移量增加很小，荷载值增长较快；之后随着荷载的增加，位移不断增加，曲线呈直线增长，此时处于弹性阶段；此后，荷载继续增大，位移变化很小，试件被破坏。

　　TC1～TC5 是一种尽端局部表面横纹承压试件，前期曲线斜率呈单调式增长，达到比例极限后，随着荷载不断增大，其位移也发生显著变化，试件处于塑性阶段。

　　TD1～TD5 是一种中间局部表面横纹承压试件。前期曲线斜率呈单调式增长，达到比例极限后，荷载增加很小，位移显著变化，试件处于塑性阶段。

　　根据试验数据结合试件尺寸，整理分析可得樟子松的本构关系，即应力-应变关系曲线,见图 3-10。

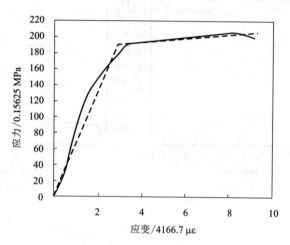

图 3-10 试件顺纹受压状态下的应力-应变曲线

根据图 3-10 不难看出,当试件应力小于比例极限时,应力-应变曲线基本呈线形变化,试件处于弹性阶段,拟合直线的斜率即为弹性阶段的弹性模量;超过比例极限后,试件进入塑性阶段,应力增加很小,应变急剧增大,直至试件破坏。

顺纹受压状态应力-应变曲线可以分别通过两段直线(相关系数为 0.96)进行描述,见式(3-18)、式(3-19)。

弹性阶段:$\sigma \leqslant 29.96$ MPa

$$\sigma = 6 - 54499 \times 10^9 \varepsilon \tag{3-18}$$

塑性阶段:$\sigma > 29.96$ MPa

$$\sigma = 9.23901 \times 10^7 \varepsilon + 28.86938 \tag{3-19}$$

通过木材顺纹受压试验,测定樟子松的顺纹抗压强度、受压弹性模量,按式(3-20)、式(3-21)计算。

$$f_c = F_u / A \tag{3-20}$$

式中:f_c 为木材顺纹受压强度,N/mm^2;F_u 为破坏荷载,N;A 为截面积。

$$E_c = l_0 \Delta F / (A \Delta l_0) \tag{3-21}$$

式中:E_c 为木材顺纹受压的弹性模量,MPa。

通过计算,木材顺纹受压试验结果详见表 3-20。

表 3-20　木材顺纹受压试验结果

单位：MPa

编号	f_c	E_c	备注
TA1	30.73	11426.48	
TA2	31.28	11436.09	
TA3	30.59	11779.06	
TA4	33.54	11556.15	
TA5	33.91	11149.43	

　　通过试验研究确定出试件的局部表面横纹承压比例极限，试验的比例极限点，实际上就是试件在直线部分与荷载轴夹角的正切值的 1.5 倍时，切点所匹配的荷载值。由此生成的结果见表 3-21。

表 3-21　木材横纹承压试验结果

试件编号	比例极限荷载/kN	比例极限强度/MPa
TB1	22.36	3.49
TB2	20.41	3.19
TB3	19.65	3.07
TB4	18.72	2.93
TB5	18.97	2.96
TCI	26.72	4.18
TC2	24.89	3.89
TC3	25.87	4.04
TC4	21.53	3.36
TC5	23.75	3.71
TD1	31.72	4.96
TD2	30.59	4.78
TD3	24.51	3.83
TD4	25.74	4.02
TD5	21.82	3.41

　　根据上述两表的数据，整理分析可得，樟子松的主要力学性质指标结果详见表 3-22。

表 3-22　樟子松主要力学性质一览表

力学性能指标	算术平均值 $\bar{x}$	标准差 s	变异系数 C_v	标准值 f_x
顺纹抗压强度/MPa	36.01	1.59	0.0497	29.397
顺纹受压弹性模量	11467.842	228.26	0.01997	11092.357
全表面横纹受压比例极限强度	3.13	0.20	0.0639	6.80
尽端局部表面横纹受压比例极限强度	3.84	0.28	0.0729	3.38
中间局部表面横纹受压比例极限强度	4.20	0.58	0.1381	3.25

注：表中算数平均值 $\bar{x} = \sum_{i=1}^{n} x_i / n$，标准差 $s = \sqrt{\dfrac{\sum_{i=1}^{n}(x_i - \bar{x})^2}{n-1}}$，变异系数 $C_v = \dfrac{s}{|\bar{x}|}$，标准值 $f_x = \bar{x} - 1.645\,s$。

3.3.3　竹材受拉试验

本试验经多方面考虑及综合分析之后，将桃花江竹业公司提供的 4~6 年龄期的楠竹加工成的竹片作为试件，其材料性能为平均密度 820 kg/m³、平均含水率 10.7%。根据现行规范采用相适应的试验方法，对试件的顺纹抗拉能力进行了测试，计算出弹性模量及抗拉强度。

1. 竹片受拉试验

1)试验设计

竹片受拉试验中，主要仪器设备为：WDW-100C 万能试验机、游标卡尺及应变片。

根据《建筑用竹材物理力学性能试验方法》(JG/T 199—2007)相关规定可知，为了保证试验精度，需要控制每组试件数量的最小数量。根据计算结果，总共需要对 4 组共 24 个试件进行测定(两组测试顺纹抗拉强度，另外两组测试顺纹抗拉弹性模量)，每组 6 个试件，试件规格均为 300 mm×30 mm×4 mm。

(1)顺纹抗拉强度加载制度及关键步骤：

①在试样有效部分中央及两端分别测量厚度和宽度，精确至 0.1 mm，取 3 处的平均值，并以矩形截面计算面积。

②将试样两端夹紧在试验机的钳口中，使试样窄面与钳口接触。两端靠近弧形部分露出 20 mm 左右，竖直地安装在试验机上。

③按每分钟 200 N/mm² 的均匀速度加载直至试样破坏，精确至 10 N。

④当拉断处不在试样有效部分时，试验结果应予舍弃。

（2）顺纹抗拉弹性模量加载制度及关键步骤：

①在试样有效部分中央及两端分别测量厚度和宽度，精确至 0.1 mm，取 3 处的平均值，并以矩形截面计算面积。

②将试样两端夹紧在试验机的钳口中，使试样窄面与钳口接触。两端靠近弧形部分露出 20 mm 左右，竖直安装在试验机上。

③取试样有效部分中段长度 20 mm 用作测量拉伸应变的标距，粘贴应变片。

④测量试样变形的下、上限应力取 10～40 N/mm²，并按实测截面计算出下、上限荷载（可取整数）。加荷速度取每分钟 25 N/mm²，试验机以均匀速度先加荷至下限荷载，立即记录应变片读数，然后加荷至上限荷载，记录变形值后，随即卸荷。每次卸荷时皆降至 0.8 倍下限荷载值左右，然后再升至下限荷载记录读数。如此反复 6 次。

2）试验结果与分析

加载初期，荷载与位移呈现线性关系；达到抗拉强度之后，随着荷载的增大，位移急剧增大，最终试件被破坏。试件被破坏之后表面不平整，纤维断裂滑移，导致破坏呈纵向发展态势，见图 3-11。

根据表现选择最具有代表性的试件，结合数据分析绘制出相匹配的荷载-位移关系曲线图，见图 3-12。

图 3-11　竹片破坏形态

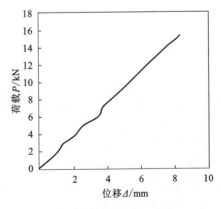

图 3-12　荷载-位移曲线

通过试验所得数据，并以此为基础对弹性模量和抗拉强度进行计算，结果如表 3-23 所示。

表 3-23　竹片受拉试验数据汇总表

试件编号	弹性模量/MPa	抗拉强度/MPa
GB1	11500.00	109.17
GB2	13333.33	123.33
GB3	14367.82	140.83
GB4	12903.23	130.83
GB5	13055.56	126.67
GB6	13888.89	137.50
GB7	12856.37	118.33
GB8	12096.20	112.50
GB9	12360.81	111.67
GB10	13500.00	139.17
GB11	13814.81	128.33
GB12	12763.02	120.83

经统计分析得到竹片主要参数如表 3-24 所示。

表 3-24　竹片主要参数一览

类型	力学性能	算术平均值/MPa	标准差/MPa	变异系数	标准值
顺纹受拉	弹性模量	13036.67	776.46	0.0596	11759.39
	抗拉强度	124.93	10.43	0.0835	107.77

2. 竹接方式受力性能试验

目前，国内竹接方式包括榫头与榫槽方式竹接（料槽中处于同一水平位置的竹片为榫头与榫槽，两者相对放置）、梯形啮合式接长（竹板材及其集成板材由竹条或竹板胚排列、接长而成）、锯齿形啮合式接长、钢夹板与螺栓对重组竹梁进行接长、相互对应的拉槽与榫钩密配合接长。现有的接长方法均难以保证连接部位的强度满足工程结构强度要求。目前研究很少涉及竹材顺纹方向黏接强度及其影响因素,而竹材竖向黏接强度对竹加工产品性能有着较大的影响,因此寻找一种合适的竹材连接方式,研究黏结长度与黏结强度之间的关系,具有一定工程实用意义。

1)试验材料

试验竹片选用湖南益阳产 4 年生楠竹为实验原材料,如图 3-13 所示,将楠竹表皮第二层对接端部加工制成梯形坡口竹片,竹片平均密度为 0.746 g/cm³,平均含水率为 8%~12%,竹片规格为宽度 $B=31$ mm、厚度 $H=4$ mm,三种接长规格竹片长分别为 250 mm、350 mm、450 mm,对接端部梯形坡口长度按 12.5、25、37.5 倍竹片厚度设置,坡口长分别为 50 mm、100 mm、150 mm。试验所选用的胶水为顶立新材料科技有限公司生产的顶立特效型拼版胶 800。三种规格各制作12 组,每组 2 片共 24 片,两根相同的坡口竹片试件黏接为一根完整试件。三种规格试件接长后长度分别为 450 mm、600 mm、750 mm,如图 3-14 所示,同时制作 30 根原竹片长 600 mm,分为 A、B、C、D 四组进行拉伸对比试验。

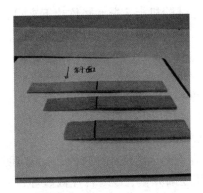

图 3-13 未黏接竹片实拍图

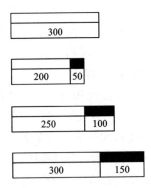

图 3-14 竹片规格图

2)试件黏接

在涂抹胶水前,将试件黏接坡口进行清洁,选取接口平齐完整的竹片准备黏接,用木刷将胶水均匀涂抹在一片试件的黏接口上,将另一根试件对准接口反向接(图 3-15),擦去溢出的多余胶水,把试件安置在平整的桌面,在试件接口上方放置好砝码压紧以保证黏接效果,试件静置养护一周让胶水达到最大强度。如图 3-16 所示,黏接竹片时需保证竹片坡口对接处受力均匀,避免因砝码压力不均匀而使竹片发生黏接未对齐情况,造成竹片连接后轴心不在同一线上。

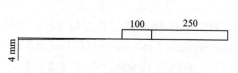

100   250

4 mm

图 3-15　竹片黏接方向示意图

图 3-16　竹片黏接

3) 加载装置与测试

将四组试验竹片先后分别先夹在数显万能试验机上，先夹好竹片下夹口，加紧旋钮，调节上夹口高度，再夹好上夹口，确认竹片处于轴心受拉状态，按 5 mm/min 的速率进行加载。

4) 试验破坏现象

A 组的黏接面积过小，试件并没有发出"滋拉"声；加载到 7.7 kN 左右时，大部分试件发出"崩"的一声，试件发生断裂，主要破坏形态是在试件黏接口处，部分竹纤维受拉脱落和连接处胶结面被破坏（见图 3-17）。

对于 B、C 组，当试验机拉力小于 10 kN 左右时，试件线性拉伸，未发出明显声响；随着拉力增加，试件发出"滋拉"声，并逐渐频繁，最终竹片被破坏，主要破坏形态描述如下：如图 3-18、图 3-19 所示，斜接口薄弱面出现了竹纤维断裂、Z 字形材料破坏、胶结面材料破坏等形态，试件中间出现了一条较小的裂缝或者试件发出"嘣"的一声断裂，部分竹片中间出现两条较明显裂缝，同时竹片的两斜接口薄弱处的竹纤维发生断裂。

对于 D 组原竹试件，当拉力小于 10 kN 时，试件未发出声响；当加载拉力超过 16~20 kN 时，竹片开始发出"嗞拉"声；随着力进一步加大，"嗞拉"声出现的频率提高，最终试件被破坏，如图 3-20 所示，主要破坏形态为材料破坏、试件夹持处破坏、材料缺陷处破坏。

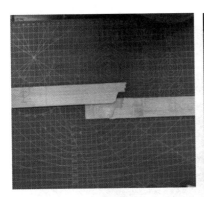
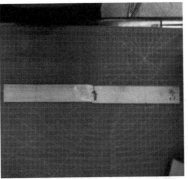

(a) A组胶面破坏 　　　　　　　　　　 (b) A组胶面脱胶

图 3-17　A 组主要破坏形态

(a) B组胶面部分脱胶局部材料破坏 　　　　 (b) B组胶结面Z字形材料破坏

图 3-18　B 组胶面断裂主要破坏形态

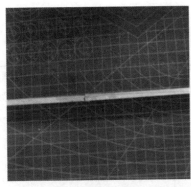
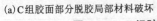
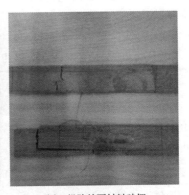

(a) C组胶面部分脱胶局部材料破坏 　　　　 (b) C组胶结面材料破坏

图 3-19　C 组胶面断裂主要破坏形态

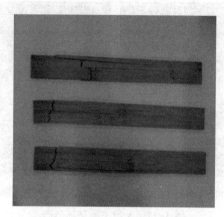

图 3-20 原竹片主要破坏形态

A组大量试件黏接口发生脱胶，突然发生断裂，极限拉力分布散乱，只有少数竹片出现材料破坏；B组大部分试件有一个受拉破坏的过程，极限拉力分布较为集中，试件的断口处有竹纤维或者竹片纵向开裂，破坏形态主要是材料破坏；C组的破坏形态与B组较为接近，但是其极限拉力平均值较B组有一定的提升，同时部分试件的极限拉力较大，接近原竹；D组原竹的破坏形态主要是竹片沿竹纤维纵向开裂，但是也有少数竹片在钳口处由于应力集中而发生了断裂，其平均极限拉力是四组中最大的，分布也较为集中。坡口连接的三组竹片的破坏形态表明，随着胶接坡口长度的加长，由黏接工艺及胶水影响而产生的结构破坏转变成为材料破坏，这说明增加黏接口能有效提高竹片的纵向受拉能力。

5）试验结果分析

将每组拉坏的试件数据进行记录并整理分析，得出各组竹片的极限拉力，具体试件拉伸试验数据见表3-25。

表 3-25　各组竹片的极限拉力

分组	平均值/kN	材料强度/MPa	粘贴竹板材料强度与原竹板材料强度比值
黏接竹片 50 mm（A 组）	8.2	66.1	0.56
黏接竹片 100 mm（B 组）	16.2	98.5	0.83
黏接竹片 150 mm（C 组）	16.4	99.7	0.84
原竹片（D 组）	14.6	118.1	1.00

通过试验，四组试件在万能试验机上拉伸测得竹片力-拉伸量关系见图 3-21~图 3-24。

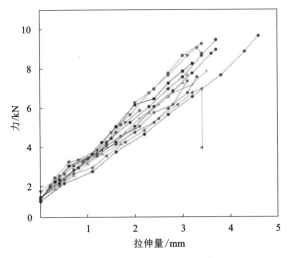

图 3-21　A 组竹片力-拉伸量关系图

由图 3-21 可知，A 组的力与拉伸量关系曲线较为分散，且最大拉力曲线与最小拉力曲线差距较大。试验表明，A 组试件因为黏接面积最少，大部分试件的接口破坏情况为脱胶断开，只有少数试件断开处残留有另一端的竹纤维，为部分材料破坏，这说明 A 组的黏接面积无法充分发挥竹片的抗拉性能。

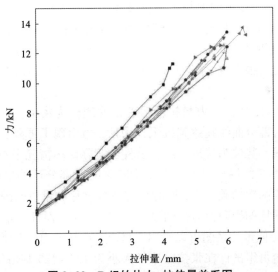

图 3-22　B 组竹片力-拉伸量关系图

由图 3-22 可知,B 组的力与拉伸量关系曲线较为集中,同时力小于 12 kN 时的线型也基本上接近线性变化,部分试件在出现极限拉力以后还出现了一个下降的力。结合实际的试件破坏情况来看,B 组的试件的断口大部分残留有另一端竹纤维,少部分试件出现了"Z 字形"断口,这说明 B 组的黏接面积能提供的抗拉能力较 A 组有较大的提升。

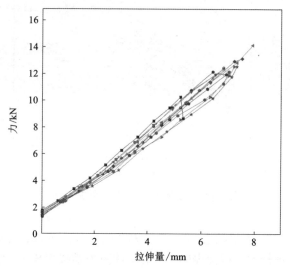

图 3-23　C 组竹片力-拉伸量关系图

由图 3-23 可知,C 组的力与拉伸量关系曲线较为集中,且极限力较 A 组有较大的提升,曲线的分布相比 B 组更为集中,但极限拉力提升较小。从 C 组试件加载的实际破坏情况来看,C 组试件的试件在拉伸后大多残留了另一端的竹纤维,并且试件中有 5 根出现了"Z 字形"的破口,这说明 C 组的破坏形式主要表现为材料破坏。

由图 3-24 可知,D 组的力与拉伸量关系曲线较为集中,原竹的平均极限破坏拉力最大,而且部分曲线在达到极限拉力后,力出现了下降,经两次加载才最终破坏,同时曲线趋势较为接近。结合试件的实际破坏情况来看,原竹的破坏形态主要是竹片沿竹纤维纵向开裂,在发生断裂时有部分试件出现了"Z 字形"破坏,且试件出现了两次的破坏力,同时也有少数竹片在钳口处因为应力集中而发生了断裂,但其平均的极限拉力仍然是四组中最大的,而且分布也较为集中。

从四组力与拉伸量关系图可以看出,起始点在某个力,主要是竹片试件不易夹紧容易滑移,给每组试件在张拉前施加大小为 1.3~1.7 kN 的初始张力;当试件的黏接坡口长度由厚度 12.5 倍增加到 25 倍时,试件的抗拉性能有较大提升,而力从 25 倍再增加到 37.5 倍时，试件的抗拉性能提升较少；随着试件黏接面积的增加，试件破坏由发生脱胶断开转变为竹纤维纵横向开裂的材料破坏，这说明增加黏接面积能有效提高黏接竹片的抗拉性能。

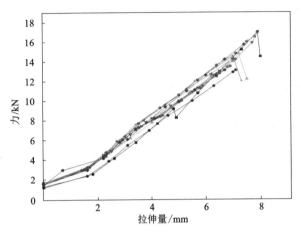

图 3-24　D 组原竹的力-拉伸量关系图

6) 极限拉力与黏接面积的关系分析

试验竹片采取斜接的黏接方式，其斜向坡口长度并不是一个规律的数值。为了分析其规律，定义坡口平面长度 L_J 与竹片厚度 H 的比值为坡口-厚度比 r，即

$$r = L_J / H \tag{3-22}$$

根据试验结果，三组黏接与原竹竹片极限拉力比值的关系见表 3-26。

表 3-26　各组竹片坡口极限拉力一览表

分组	坡口-厚度比 r	平均极限拉力/kN	与原竹的比值
A 组	12.5	8.2	56.01%
B 组	25	16.22	83.46%
C 组	37.5	16.36	84.42%
D 组	—	14.64	100%

由表 3-26 可知，当竹片的坡口-厚度比 $r=12.5$（黏接面积为 50 mm）时，黏接竹片与原竹平均极限拉力比值为 56.01%，在 A 组的破坏试件中出现了 3 片因黏接面积不足而直接脱胶破坏的竹片，可以看出其黏接强度与原竹差距较大；当坡口-厚度比 r 达到 25 时，可以看出黏接竹片与原竹极限拉力比达到了 83.46%，

B 组的破坏试件在竹片黏接面中间出现了沿竹纤维方向的裂缝，同时在部分竹片的斜接口薄弱处出现了横向的断裂，这说明黏接竹片已经十分接近其材料的破坏强度；当坡口-厚度比 r 达到 37.5 时，黏接竹片与原竹的极限拉力比上升到 84.42%。竹片中间出现多道裂缝，同时有 3 根试件在中间处发生断裂，4 根试件在两端接口处发生断裂，2 根试件斜接口纤维被破坏，说明 C 组竹片的强度已经达到或超过了竹纤维的极限强度。

3.3.4 竹-木胶黏试件剪切试验

为了规范合理地黏结竹材和木材，取得最理想的黏合效果，并为后续的竹木组合构件分析提供基础，本节选取 4 种不同胶合剂，开展竹-木胶黏试件顺纹剪切试验，确定了最佳的胶合剂及其性能指标，同时得出了黏合界面的相关剪切参数。

1. 试验设计

试验材料选择楠竹、樟子松，胶合剂选择乳白胶、特种竹木胶、兔钉胶及环氧树脂 AB 胶。

通过切割机及木刨这两种工具统一将樟子松切割为尺寸为 25 mm×25 mm×100 mm 的小木块，保证木纹和木块长度方向一致，认真仔细地检查木块，凡是存在裂纹、木节等瑕疵的木块均不可采用。通过工具将楠竹统一切割为尺寸为 3 mm×25 mm×100 mm 的竹片，再通过打磨机磨平其表面，保证胶合面洁净，无任何杂质，由此获得良好的胶合效果。在涂胶之前，认真检查胶合面，不可存在任何杂质异物。涂胶之后，静置 5 min，而后施加压力，具体见图 3-25。

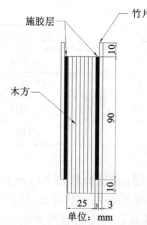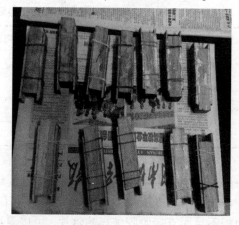

图 3-25　竹-木胶黏试件

此次试验制成了 40 个竹-木胶黏试件,按照要求对其进行了剪切试验。试验由两部分构成:一是初筛,即选取若干种效果比较理想的竹-木胶合剂;二是精筛,利用调控固化时间等方法选出黏合最理想的竹-木胶合剂。

竹-木胶黏试件剪切装置见图 3-26,通过千斤顶向试件施压。考虑到试件体积小,所以采用了刚性垫块,匀速连续加载,加载速率为 2 kN/min,3~5 min 后试件被破坏,试件被破坏时记录对应的荷载值并量取剪切面上沿木材剪坏的面积。

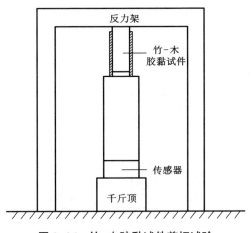

图 3-26 竹-木胶黏试件剪切试验

2. 试验结果

首先对 4 组共 16 个竹-木胶黏试件进行初筛,4 种不同胶合剂的试件破坏荷载见表 3-27。

表 3-27 胶合剂试验结果

胶合剂类型	平均破坏荷载/kN
特种竹木胶	9.33
乳白胶	4.02
免钉胶	8.75
环氧树脂 AB 胶	9.94

由表 3-27 可知,在黏结竹材和木材的胶合剂中,黏结力最小的是乳白胶,故将其剔除,剩下的三种胶合剂用于精筛。利用调控固化时间等相关参数的方式深入细致地探讨胶合剂和黏结力的关系。通过对比 24 个竹-木胶黏试件发现,相较于尾号为 5~8 的试件,1~4 试件的固化时间明显更短,比前者短 6 h,具体试验结果见表 3-28。

表 3-28　竹木胶黏试件剪切试验结果一览表

试件编号	破坏荷载/kN	剪坏面积/mm²	平均值
JS1-1	4.39	225.84	
JS1-2	6.13	227.94	
JS1-3	6.87	224.59	
JS1-4	6.15	236.93	7.24 kN
JS1-5	9.25	223.67	226.84 mm²
JS1-6	7.21	226.84	
JS1-7	9.93	225.82	
JS1-8	7.99	227.07	
JS2-1	9.94	234.49	
JS2-2	9.53	245.55	
JS2-3	8.11	246.11	
JS2-4	11.77	233.16	10.01 kN
JS2-5	10.38	236.05	236.47 mm²
JS2-6	10.47	230.98	
JS2-7	10.22	231.09	
JS2-8	9.66	238.30	
JS3-1	7.89	227.80	
JS3-2	7.61	220.52	
JS3-3	8.28	221.95	
JS3-4	8.13	226.17	8.18 kN
JS3-5	8.02	225.78	225.51 mm²
JS3-6	7.32	223.28	
JS3-7	10.05	229.67	
JS3-8	8.14	236.95	

注：JS1 表示免钉胶；JS2 表示环氧树脂 AB 胶；JS3 表示特种竹木胶，下同。

竹-木胶黏试件剪切试验之后，通过式(3-23)计算胶黏试件的剪切强度、式(3-24)计算胶黏试件剪切面沿木材部分被破坏的百分率。

$$f_{gv} = F_u/A_v \tag{3-23}$$

式中：f_{gv} 为胶黏件的剪切强度，MPa；F_u 为试件破坏荷载，N；A_v 为黏结面面积。

$$P_v = A_t / A_v \tag{3-25}$$

式中：P_v 为剪切面沿木材部分被破坏的百分率，%，计算结果准确到 1%；A_t 为胶黏试件剪切面沿木材破坏的面积，mm^2。

竹-木胶黏试件剪切强度值可参考表 3-29。

表 3-29　竹-木胶黏试件剪切试验结果

类型	剪切强度/MPa	P_v/%
JS1	3.22	10.08
JS2	4.45	10.51
JS3	3.64	10.02

由表 3-29 可知，环氧树脂 AB 胶的破坏荷载为 10.01 kN，剪切强度为 4.45 MPa，剪切面沿木材部分被破坏的百分率为 10.51%，黏结效果最理想；随着固化时间的延长，其强度愈高，因而本书决定将此黏合剂用于制作竹木组合梁的黏结。

3.3.5　胶黏试件剪切滑移试验

为了获取胶粘界面剪切滑移的相关参数，同时验证胶黏剂的可靠性，本节选取环氧树脂 AB 胶，开展樟子松胶黏试件剪切滑移试验。

1）试验设计

试验选用的木材为樟子松，根据《木结构试验方法标准》（GB/T 50329—2012）的要求制作 3 组试件，试件尺寸为 25 mm×60 mm×320 mm，见图 3-27。主要仪器设备为万能试验机（分辨率不大于 150 N）。

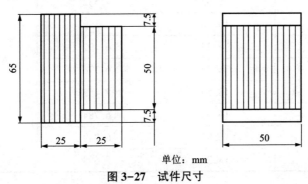

单位：mm

图 3-27　试件尺寸

（1）试件加工制作关键步骤：

①试条由两块刨光的木条组成，木纹与木条的长度方向平行，年轮与胶合面的夹角为 $40°\sim90°$；

②试条胶合前，胶合面应重新细刨光至达到保证洁净和密合的要求，边角应完整；

③胶面应在刨光后 2 h 内涂胶，涂胶前，应清除胶合面上的木屑和污垢；

④涂胶后应放置 15 min 再叠合加压，压力值可取 $0.4\sim0.6$ N/mm^2；

⑤在胶合过程中，室温宜为 $20\sim25$ ℃；

⑥对于热压固化胶黏剂，应采用与工艺相同的热压时间、温度和压力热压胶合试条；

⑦试条应在室温不低于 16 ℃ 的加压状态下放置 24 h，卸压后养护 24 h，方可加工胶黏试件。

（2）加载制度及试验步骤：

①试验前，用游标卡尺测量剪切面尺寸，准确读到 0.1 mm。

②试件装入剪切装置时，调整螺钉，使试件的胶缝处于正确的受剪位置。

③试验时，试验机球座式压头与试件顶端的钢垫对中，采用匀速连续加载方式，保证试件在 $3\sim5$ min 内达到破坏。

④试件被破坏后，记录荷载最大值，并测量试件剪切面上沿木材剪切破坏的面积，且精确至 3%。

2）试验结果

胶黏试件剪切滑移试验之后，通过式（3-23）计算胶黏试件的剪切强度，式（3-24）计算胶黏试件剪切面沿木材部分被破坏的百分率，具体结果见表 3-30。

表 3-30　胶黏试件剪切滑移试验结果

试件编号	荷载/kN	剪切强度/MPa	备注
a2	18.83	7.532	
a3	15.88	6.352	
a4	16.23	6.492	平均剪切强度：6.729 MPa；标准差：0.59 MPa
b1	16.94	6.776	
b2	18.63	7.452	
b4	16.96	6.784	
c2	16.87	6.748	
c4	14.25	5.698	

由表 3-30 可知，采用环氧树脂 AB 胶，樟子松胶黏试件的平均剪切强度为
6.729 MPa，较之竹-木胶黏试件剪切强度 4.45 MPa 提高了 51.2%。

剪切滑移曲线见图 3-28~图 3-30。加载初期，剪切滑移曲线平缓；随着荷载
的逐渐增大，剪切力与滑移量基本成线性关系；达到剪切强度之后，曲线急剧直
下，试件出现剪切破坏。

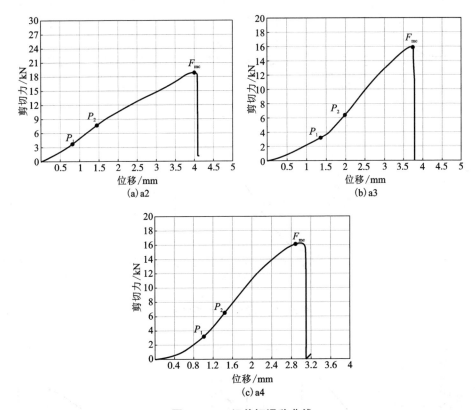

图 3-28　a 组剪切滑移曲线

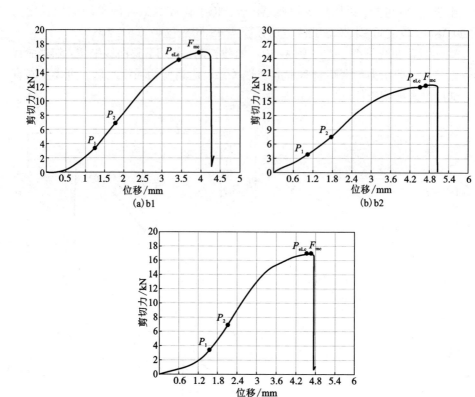

图 3-29　b 组剪切滑移曲线

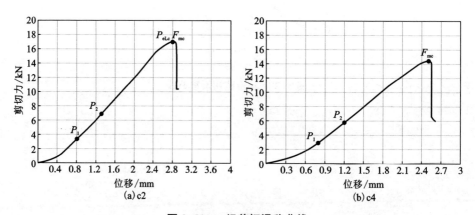

图 3-30　c 组剪切滑移曲线

3.4　竹木组合梁受弯特性研究　>>>

组合木结构优势显著,不仅具有较高的承载力,而且防火防腐性能较好,最重要的是能够有效缩短截面尺寸,充分利用木材资源,满足工业要求。本书研究对象为竹木组合梁,分为两类:一类是竹-原木组合梁,在平整的木方表面粘贴竹集成材,增强木梁的抗拉性能,显著提高结构的极限承载力;另一类是竹-短实木组合梁,可细分为直拼、搭接两种,皆由多个零碎的木块拼接而成,然后再和竹集成材进行粘贴,由此得到的竹木组合梁具有良好的变形性,且能够充分提高木材利用率,适用于对强度要求不是特别高的场合,经济优势较为显著。

3.4.1　竹木组合梁的设计与制备

1)竹木组合梁材料预加工

竹片:购自湖南益阳桃花江竹业有限公司,南方生 4~6 年去表皮和内皮楠竹,含水率为 12% 左右,组拼后尺寸为 2000 mm(长)×90 mm(宽)×5 mm(厚);竹片厚度 5 mm 是工厂加工楠竹时出材率最高的标准化尺寸。

木材:选用樟子松,密度为 0.800 g/cm³,含水率为 8%~13%,宽×高为 90 mm×135 mm,原木梁所用材料长度为 2000 mm,组合胶合梁所用木方材料长度为 350~450 mm 不等。

黏结材料:环氧树脂 AB 胶。初步固化时间为 3 h,完全固化时间为 24 h。

2)竹木组合梁的设计

本试验选取了 4 组共 12 根试件,A1~A3 为原木梁试件(图 3-31a),B1~B3 为竹-原木组合梁(图 3-31b),C1~C3 为竹-短实木胶合直拼梁(图 3-31c),D1~D3 为竹-短实木胶合搭接梁。考虑到木材的材料性能离散性较大,故每组制作了 3 根相同试件,其中 A1、B1、C2、D2 试件跨中受拉区存在较大木节,作为木节影响对照组,具体见图 3-31。

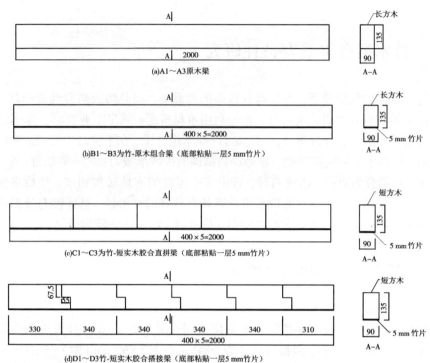

图 3-31 试件构造尺寸(单位: mm)

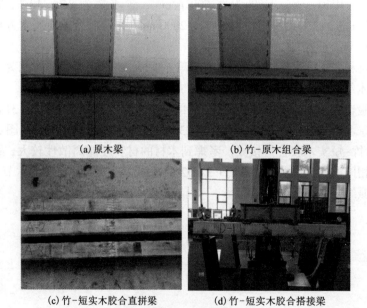

(a) 原木梁

(b) 竹-原木组合梁

(c) 竹-短实木胶合直拼梁

(d) 竹-短实木胶合搭接梁

图 3-32 实物照片

3）主要机械设备

木工圆锯机、木工压刨机、木工平刨机、木工夹具、压重砝码。

4）制作工艺

（1）工艺流程：干燥—筛选—切割—胶合—养护—成型。

（2）干燥：试验用木材要置放于干燥的室内，同时要保证试材和地面距离不小于 30 cm，按照分层的方式进行合理堆放，每根试材都需要预留出一定空隙，避免木材过于紧密，待木材在室内自然风干，达到符合要求的平衡含水率。

（3）筛选：按照《木结构试验方法标准》（GB/T 50329—2012）的要求，避免选用腐朽、虫蛀、髓心的原木，选取质量精良、自然瑕疵少的原木，木节尺寸总和不可超过其所在面宽的 1/3，斜纹在 1 m 材长上平均倾斜高度应控制在 50 mm 以内。

（4）切割：用木工圆锯机将木材进行规范加工，获得试验所需制品。

（5）胶合：认真仔细地打磨并清理粘贴面，去除各种杂质和异物，保证木块切口处平齐，由此增大木块的接触面积，增强黏结力。试验环节选取了黏合力强的环氧树脂 AB 胶，A、B 胶的配合比为 2∶1。双面涂胶的方法可参考图 3-33，在原木、竹片材表面涂上一层薄薄的胶，合理控制涂抹量。

（6）养护：用重物进行静压，用夹具予以固定，避免出现原木和竹片滑移。在涂胶量相等的情况下，胶合压力逐步增大，试件剪切强度先增大后减小。如果胶合压力过小，不能形成薄而均匀的胶层，将造成胶合不良。在胶合压力逐步增强的过程中，胶合面的胶液会快速渗至木材，形成一个质地均匀的胶层，剪切强度显著提高。如果胶合压力过大，很大一部分胶液会被挤出，导致胶合面的某些部位存在缺胶现象，不利于获得较高的剪切强度。试验表明，竹木组合深静置 48 h、干燥养护 5 d 时，胶合压力最优值为 1.25 MPa。

图 3-33　施胶图

图 3-34　加压与养护

3.4.2　试验装置与加载

加载装置如图 3-35 所示，共设置了 5 个百分表。为避免出现测量误差，中端点的两个百分表量程精准至 10 mm 级别（千分表），其他 3 个百分表量程则精准至 50 mm 级别（百分表）。试验加载装置布置了 22 个 BX120-50AA 型应变片。

为防止试件在加载过程中出现局部变形，试验加载装置在加载点和支座之间配装了一块钢垫板，同时选用滚轴支座，与梁的轴向相垂直，以保证试件能不受限制自由活动。通过千斤顶向试件施加竖向荷载，利用 DH3818 静态应变测试仪及力传感器进行数据采集。

采用三分点加载。在开展试验前，先进行预加载处理，预加荷载选取极限荷载的 20%，持荷 5 min 之后卸载；正式进入试验后，采用分级加载，每级荷载取计算极限荷载的 10%，持荷时间不低于 5 min，直至试件被破坏。

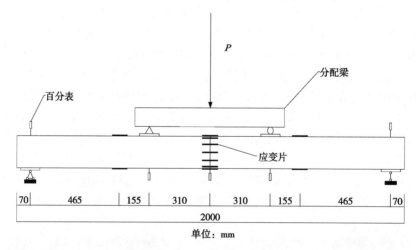

图 3-35　试验加载装置图

3.4.3　试验结果与分析

1. 试验现象

1）原木梁

A1~A3 为一组原木梁对比试件，试验现象描述如下（见图 3-36）：当 A1 试件承受的荷载达到 11 kN 时，木节出现了很多细微裂痕，同时发出刺耳的"吱吱"声；当荷载提高至 18 kN 时，裂痕进一步扩展，呈面状开裂；荷载当提高到 24 kN

时，发生劈裂破坏。

当 A2 试件承受的荷载达到 40 kN 时，跨中底部发生劈裂破坏，同时发出"嘭"的一声巨响。

当 A3 试件承受的荷载达到 22 kN 时，木节产生很多裂痕；当荷载提高至 28 kN 时，裂痕进一步扩展，形成面积开裂；当荷载提高至 34 kN 时，发生劈裂破坏。

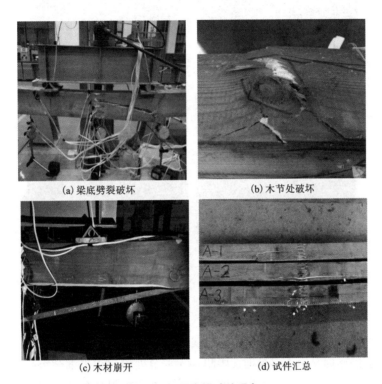

（a）梁底劈裂破坏　　　　　　　（b）木节处破坏

（c）木材崩开　　　　　　　（d）试件汇总

图 3-36　原木梁试验现象

2）竹-原木组合梁

B1~B3 为竹-原木组合梁，试验现象描述如下（图 3-37）：当 B1 试件承受的荷载快速提高至 32 kN 时，加载点出现了很多细微裂痕，同时发出刺耳的"吱吱"声；当荷载提高至 44 kN 时，纯弯区发生断裂，同时发出刺耳且强烈的声响，说明试件已发生了脆性破坏。

当 B2 试件承受的荷载快速提高至 44 kN 时，跨中顶部开始出现一些裂痕；当荷载提高到 50 kN 后，裂缝进一步发展并发生剪切破坏。

当 B3 试件承受的荷载快速提高至 46 kN 时，跨中顶部开始出现一些裂痕，同时会发出轻微的"吱吱"声，梁侧表层隆起；当荷载提高到 56 kN 后，跨中竹片发生断裂，试件发生完全破坏。

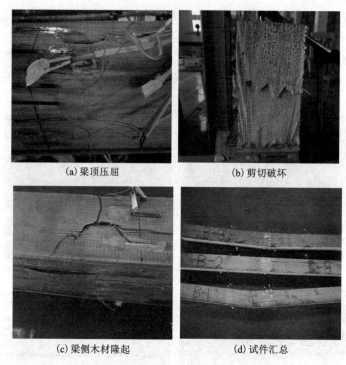

(a) 梁顶压屈   (b) 剪切破坏

(c) 梁侧木材隆起   (d) 试件汇总

图 3-37 竹-原木组合梁试验现象

3) 竹-短实木胶合直拼梁

C1~C3 是竹-短实木胶合直拼梁,试验现象描述如下(图 3-38):当 C1 试件承受的荷载快速提高至 12 kN 时,梁侧 $L/3$ 木节处出现很多细微裂痕;伴随着负载的持续增大,短实木方间出现了明显移位;当荷载提高至 24 kN 时,梁底竹集成材被拉断,试件发生完全破坏。

C2 试件承受荷载的初始阶段会发出轻微响声,无论是短实木方接触面还是受拉区接触面均出现了很多细小裂痕。当快速增大至极限荷载时,由于试件发生了超范围变形,受拉区接触面开始脱落,此时的荷载全由竹集成材承担,木材强度无法正常发挥,最后,竹集成材发生剪切破坏。

C3 试件因为承受的载荷压力持续增大,首先在梁顶部形成了大量细小裂痕,最终因严重变形,竹集成材的应变超出可承受范围,梁底受拉发生破坏。

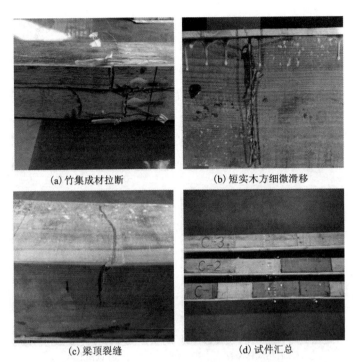

(a) 竹集成材拉断　　　　　　　(b) 短实木方细微滑移

(c) 梁顶裂缝　　　　　　　　　(d) 试件汇总

图 3-38　竹-短实木胶合直拼梁试验现象

4) 竹-短实木胶合搭接梁

D1~D3 为竹-短实木胶合搭接梁, 试验现象描述如下 (图 3-39): 当 D1 试件承受的荷载快速提高至 21 kN 时, 加载点出现响声; 当荷载提高至 30 kN 时, 加载点处接缝进一步扩大, 最后随着荷载不断增大, 梁底发生受拉破坏。

当 D2 试件的竖向荷载为极限荷载的 50% 时, 加载点处接缝进一步发展, 同时会听到清脆的裂开声。当荷载提高至极限荷载的 80% 时, 由于加载点处竖向变形严重, 致使接缝剥离, 受压区木纤维达到屈服压应变。最终由竹集成材全力承受荷载, 从而出现受拉破坏。

D3 试件在荷载不断增大时并未发出异响, 但出现了较为严重的变形; 当荷载快速提高至 28 kN 时, 竹集成材开始出现大量裂痕, 随着荷载的持续增大, 最终发生断裂。

(a) 连接处裂缝   (b) 梁底受拉断裂

(c) 竹集成材撕裂   (d) 试件汇总

图 3-39　竹-短实木胶合搭接梁试验现象

2. 破坏形态

在本试验中，按照以下要求来判定竹木组合梁试件是否遭受破坏：

(1)在持续加载期间，胶合面处出现了很大移位或严重的剥离现象，按照本级荷载进行计算。

(2)在持续加载期间，试件没有发生破坏，但因为下挠速度比加载速度大，即便持续施压也未出现升高之势，反而呈下降之态，按照峰值荷载的85%进行计算。

(3)在持续加载期间，跨中挠度达到了 46.5 mm，按照峰值荷载的85%进行计算。

(4)在持续加载期间，试件出现了破坏特征，不能再承受负载，按照本级荷载进行计算。

依据上述的破坏判别依据，本次试验各个试件破坏形态见表3-31。

表 3-31　各试验梁破坏形态

名称	编号	破坏模式
原木梁	A1~A3	梁底部受拉破坏
竹-原木组合梁	B1、B3	梁底部受拉破坏
	B2	通缝破坏
竹-短实木胶合直拼梁	C1、C3	梁底部受拉破坏
	C2	接缝开胶
竹-短实木胶合搭接梁	D1、D3	梁底部受拉破坏
	D2	接缝开胶

3. 试验结果

因为木材自然缺陷是不可避免的, 所以将试验结果划分为以下两类: 一是有明显木节试件; 二是无明显木节试件。通过试验, 极限荷载 P_u、跨中挠度 f 及抗弯刚度 EI 等试验结果见表 3-32~表 3-34。

其中, 抗弯弹性模量 E 计算公式见式 3-25。

$$E = \frac{23}{108} \times \left(\frac{L}{h}\right)^3 \times \left(\frac{\Delta F}{\Delta e}\right) \times \frac{1}{b} \tag{3-25}$$

式中: E 为抗弯弹性模量, N/mm^2; L 为梁的跨度, mm; h 为梁截面高度, mm; ΔF 为荷载增量, N; Δe 为 ΔF 作用下梁所产生的中点位移, mm; b 为梁截面宽度, mm。

跨中挠度 f 的计算公式见式 3-26。

$$f = f_1 - (f_2 + f_3)/2 \tag{3-26}$$

式中: f 为跨中挠度, mm; f_1 为跨中位移, mm; f_2 为左支座的位移, mm; f_3 为右支座的位移, mm。

表 3-32　各试验梁极限荷载

编号	试件特征	P_u/kN		P_u 增幅/%
		试验值	平均值	
A1	跨中受拉区有明显木节	23	—	—
B1		40		73.9
C2		18		-21.7
D2		24		4.3

续表3-32

编号	试件特征	P_u/kN		P_u 增幅/%
		试验值	平均值	
A2	跨中受拉区无明显木节	40	36.0	—
A3		32		
B2		51	49.5	37.5
B3		48		
C1		24	27.0	−25.0
C3		30		
D1		39	36.0	0.0
D3		33		

注：因为B3试件遭受破坏时的挠度达到了 $L/40$ 以上，所以按照峰值载荷的85%进行计算。

表 3-33　各试验梁跨中挠度

编号	试件特征	f/mm		f 增幅/%
		试验值	平均值	
A1	跨中受拉区有明显木节	23.7	—	—
B2		36.5		54.0
C2		21.2	—	−10.5
D2		36.7		38.0
A2	跨中受拉区无明显木节	39.8	36.7	—
A3		33.6		
B2		39.3	46.1	14.7
B3		44.8		
C1		27.5	28.6	−22.1
C3		29.6		
D1		46.5	45.1	22.9
D3		43.7		

表 3-34　各试验梁抗弯刚度

编号	试件特征	$EI/(10^9 N \cdot mm^2)$		EI 增幅/%
		试验值	平均值	
A1	跨中受拉区有明显木节	120.4	—	—
B1		169.3		40.6
C2		106.4		−15.0
D2		101.9		−15.4
A2	跨中受拉区无明显木节	131.5	129.4	—
A3		127.2		
B2		196.5	187.0	44.5
B3		177.4		
C1		109.0	114.6	−11.4
C3		120.1		
D1		109.4	116.1	−13.4
D3		114.7		

通过表 3-32~表 3-34 可以看出，木节对构件的力学性质影响明显。相较于存在明显木节的试件，同类无明显木节试件的各类指标变化幅度如下：相较于同类有明显木节试件，原木梁、竹-原木组合梁、竹-短实木胶合直拼梁及竹-短实木胶合搭接梁极限荷载分别提高了 56.5%、23.8%、50%、50%；跨中挠度分别增加了 54.9%、15.3%、34.9%、37.9%；抗弯刚度则分别提高了 7.5%、10.5%、11.9%、10.0%。

针对无明显木节的试件，相较于原木梁，竹-原木组合梁、竹-短实木胶合直拼梁及竹-短实木胶合搭接梁的极限荷载分别提高了 37.5%、−25%、0；跨中挠度分别降低了 14.7%、−26.1%、26.9%；抗弯刚度则分别提高了 44.5%、−11.4%、−13.4%。分析表明，C2 试件的极限承载能力最差，究其原因在于 C2 试件在试件加工过程中接触面不齐整，载荷作用下各构件出现了明显滑移，剪切应力的过度集中致使试件被提前破坏。

相较于原木试件，竹-短实木胶合直拼梁的抗弯曲性能有所下降，而且刚度和跨中挠度也出现了不同程度的下降；相较于原木试件，竹-短实木胶合搭接梁的整体抗弯曲性能和跨中挠度均实现了大幅提升，但刚度却骤然降低。针对不存在明显木节的试件，相较于原木试件，竹-原木组合梁的抗弯曲性能增大，不仅如此，刚度和跨中挠度也得到了有效改善。

相较于原木试件，竹-短实木胶合直拼梁的抗弯曲性能有所增强，而刚度和跨中挠度则出现了不同程度的下降；竹-短实木胶合搭接梁的整体抗弯曲性能未发生变化，跨中挠度实现大幅提升，刚度降低明显。

综上分析得知，相较于原木试件，竹-原木组合梁的各项性能指标均得到大幅改善，而竹-短实木胶合搭接梁也表现出良好的性能优势，与原木梁相比承载能力变化不大，应用于小跨度木梁中可达到合理控制成本的目的。

1)荷载-跨中挠度曲线

在本试验中，所有试件的跨中挠度均被进行了测定，见图3-40。在加载初期，竹-原木组合梁的荷载-挠度曲线斜率趋近，表现出明显的线性特征，意味着刚度基本一致，其中，B2试件的曲线斜率最大，即刚度最大；随着荷载的增大，曲线斜率逐渐下降且一直大于0，表明试件处于弹塑性阶段，该阶段挠度也快速

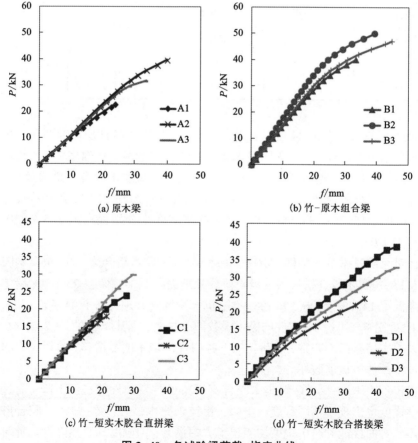

图3-40　各试验梁荷载-挠度曲线

增大，相较于原木试件，竹-原木组合梁的斜率一直处于较大水平，表明竹集成材具有刚度强化的效果。加载初期，竹-短实木胶合直拼梁和竹-短实木胶合搭接梁均表现出明显的线性特征；随着荷载的增大，曲线斜率随之减小，接近极限荷载时，C 组和 D 组试件的曲线都未出现水平段，也没有进入塑性屈服阶段，说明试件已经破坏，其中 D2 试件曲线的水平段过短，究其原因在于其随着荷载增大而发生了界面剥离，斜率骤减，意味着刚度也出现了不同程度的下降。当荷载消除后，试件变形回弹，但仍有残余变形。

2）荷载-应变曲线

选取最具有代表性的试件，利用应变片来测试其应变变化情况，荷载-应变曲线见图 3-41。图 3-41 中 1~7 号应变片布置于试件梁跨中侧面，从上至下均匀布置。

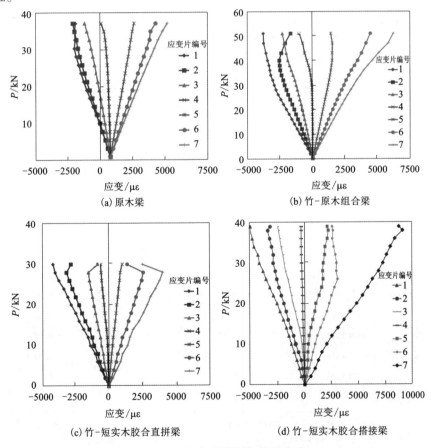

(a) 原木梁　　　　　　　　　　　　(b) 竹-原木组合梁

(c) 竹-短实木胶合直拼梁　　　　　　(d) 竹-短实木胶合搭接梁

图 3-41　各试验梁荷载-应变曲线

说明：图示坐标体系下，左侧表示受压区，应变为负，右侧表示受拉区，应变为正。

由图 3-41 可知,各试件的荷载-应变曲线均表现出显著的线性增长趋势,破坏时也都发生了明显偏移,表现出非线性特征。原木梁应变分布相对较为均匀、合理,而有竹片的试件拉应变则快速增大。当试件发生破坏时,各试件的底层拉应变均发生了显著变化,数据分析发现,除胶合直拼梁以外,其他试件均趋向于原木梁试件,拉应变值均快速增大,受拉区和受压区的面积也同时扩大,说明抗拉强度得到了充分发挥。A、B 两组试件即将被破坏时,受压侧生成大量褶皱,致使原本提高的应变突然下降。C、D 两组试件应变在破坏瞬间发生突变,其原因是承载能力和变形能力同时降低,导致应变骤然下降。

3) 跨中截面应变沿高度变化情况

选取最具有代表性的试件,测定各试件跨中截面应变沿高度变化情况,见图 3-42。

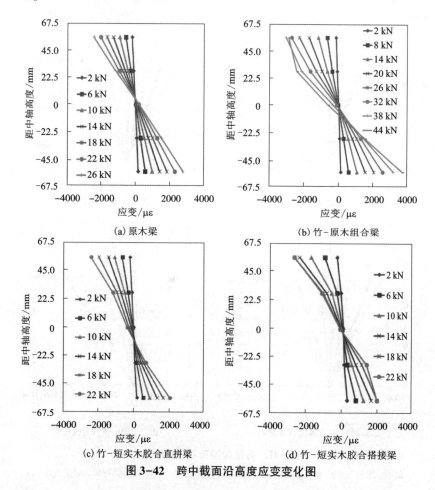

(a) 原木梁

(b) 竹-原木组合梁

(c) 竹-短实木胶合直拼梁

(d) 竹-短实木胶合搭接梁

图 3-42 跨中截面沿高度应变变化图

由图 3-42 可知,四个试件的跨中截面应变分布均基本符合平截面假定。其中,B 组试件的中和轴出现了较为显著的下移趋势,同时受压区面积进一步扩大,意味着试件的整体承载能力得到了有效改善。而当荷载达到一定水平后,受压区边缘压应变有所下降,其原因是试件进入了弹塑性阶段,受压区产生大量褶皱,这与之前发生的裂缝形变现象相对应。C 组试件的受压区和受拉区范围均缩小,也就意味着还没有达到塑性阶段就已发生破坏。D 组试件的中性轴出现了较为明显的下移,这是由于竹集成材主要受拉,因此在荷载达到极限水平时,接缝位置会发生松动,致使受拉应变骤然下降。

4)受拉区木节影响分析

樟子松具有木节大且分布集中的特点,因此局部斜纹斜度容易快速增大,不利于木纤维合理分布。受弯构件中,受拉区木节在拉力作用下出现了裂缝,随着荷载的增加,裂纹进一步扩展,严重降低了试件的抗拉强度。各试件的对比情况见图 3-43。

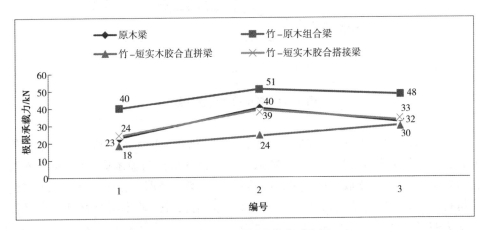

图 3-43　各试验梁承载力对比图

通过图 3-43 可得到下述结论:竹-原木组合梁极限承载力最高,竹-短实木胶合直拼梁最低,原木梁与竹-短实木胶合搭接梁承载力相当,介于两者之间。此外,受拉区木节对各试件的承载性能带来了不良影响,原木梁的承载性能降幅最大,降幅最小的是竹-原木组合梁。由此可以看出,尽管木节会对不同组件的承载性能产生影响,但对竹-原木组合梁的影响较小。

5)延性分析

延性是竹木结构的一项重要参考指标,它主要反映在两点:一是承载力水平;二是非弹性变形能力。理论上来讲,竹木结构刚度与变形具有显著关联,前者越大，后者就越小，说明构件具有良好的抗变形能力。延性大小通过延性系数反映，见式 3-27：

$$\Delta\mu = \Delta u / \Delta y \qquad (3-27)$$

式中：Δu、Δy 分别为极限状态与屈服状态的位移。

基于极限状态下的位移，实际上是试件发生破坏时形成的一种跨中位移；基于屈服状态下的位移，实际上为 80% 极限承载力时形成的一种跨中位移。各试件的延性系数见图 3-44。

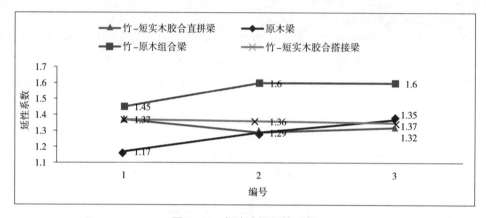

图 3-44　各试验梁延性系数

通过图 3-44 分析能够清晰直观地了解到，相较于原木梁，其他三个梁构件的延性均实现了大幅提升，延性系数从小到大排列依次为原木梁、竹-短实木胶合直拼梁、竹-短实木胶合搭接梁、竹-原木组合梁。经深入分析后得知，搭接组合抵抗局部失稳的优势尤为突出，与直拼组合相比，竹-原木组合梁延性水平提高更为明显。

6）承载能力分析

在求解竹木组合梁抗弯承载力时，为简化计算过程，提出了以下几个假定：①木材受拉区是完全线弹性，受压区则是弹塑性，见图 3-45。

②竹集成材是一种理想弹性体，其应力-应变具有显著线性特征，具体见图 3-46。

③木材与竹集成材面板密封相连，发生滑移概率非常小，无需考虑这方面的影响。

④组合梁的截面变形与平截面假定完全吻合。

⑤无需考虑厚度影响。

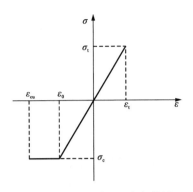

图 3-45　木材应力-应变曲线

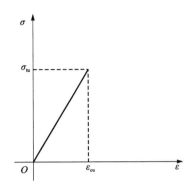

图 3-46　竹集成材应力-应变曲线

在本书第 3 章中，通过试验与模拟计算分析获得了顺纹受压和顺纹受拉这两个弹性模量，分别为 7463.34 MPa 和 11759.39 MPa。试件以梁底受拉破坏为主要常见现象，竹集成材的 $\sigma_b = f_y = 107.77$ MPa。因为木材顺纹受拉强度相对横纹更大一些，因此根据《木结构设计手册》的标准取值范围，结合试验需求，确定了顺纹抗拉强度 $f_{tu} = 1.15 f_{cu}$，也就是说 $\sigma_t = f_{tu} = 35.28$ MPa。

①竹-原木组合梁。

随着荷载的不断增加，试件的受力形态不断变化，达到极限状态时，跨中梁底竹片受拉发生断裂破坏，计算简图见图 3-47。

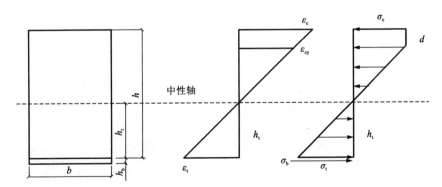

图 3-47　竹-原木组合梁截面计算简图

在充分考虑平衡条件后导出式 3-28：

$$\sigma_c db + \frac{1}{2}\sigma_c \times (h - h_t - d) \times b = \sigma_b A_s + \frac{1}{2} h_t \sigma_t b \qquad (3-28)$$

$$M_u = \sigma_c db \times \left(h - \frac{d}{2}\right) + \frac{1}{2}\sigma_c \times b \times \left[\frac{2}{3}(h-h_t-d)+h_t\right] \times (h-h_t-d) - \frac{1}{6}\sigma_t bh_t^2 \quad (3-29)$$

通过相似三角形关系，得到

$$\frac{\sigma_t}{\sigma_c} = \frac{h_t}{h-h_t-d} \quad (3-30)$$

式中：h 为木梁截面高度，mm；h_t 为木梁受拉区高度，mm；A_s 为竹集成材截面积，mm^2；b 为梁截面宽度，mm；σ_c 为木梁顶部抗压强度设计值，MPa；σ_t 为木梁底部抗拉强度设计值，MPa；σ_b 为竹集成材抗拉强度设计值，MPa；d 为梁截面塑性发展高度，mm；M_u 为竹-原木组合梁截面弯矩设计值，MPa。

以实测值为参考，利用公式确定出跨中截面弯矩值，并将计算值与试验值做比较，见表3-35。由于竹集成材与木梁能保持良好的协同工作，大大提高了抗拉强度，经多方面考虑及综合分析后将加强系数定义为1.1，据此可得受压、受拉的弹性模型的抗拉强度设计值分别为118.55 MPa、38.81 MPa。针对有明显木节的试件，出于自然缺陷等方面的考量，利用式3-31可直接确定出抗拉强度设计值 f：

$$f = (K_P, K_A, K_Q, fk)/R_\gamma \quad (3-31)$$

式中：K_P 为方程精确性影响系数；K_A 为尺寸误差影响系数；K_Q 为构件材料强度折减系数；R_γ 为抗力分项系数。

参考相关文献，结合本次试验数据，K_P、K_A、K_Q、R_γ 取值分别为1.0、0.94、0.63、1.60。

通过式3-31可直接求出相对应的折减系数，根据上文分析进一步发现，木节对组合梁承载能力产生的影响最小，因此将加强系数设定为2.0，由此确定出其折减系数为0.74。

由表3-35可得，计算值与试验值的误差在10%以内，B1与B2、B3的误差分别为0.40%、-6.97%、-6.97%，平均误差3.69%。对比结果表明，通过公式计算受弯承载力是合理可行的。

表 3-35 受弯承载力理论值与试验值对比

编号	σ_c/MPa	σ_t/MPa	σ_b/MPa	理论值/(kN·m^{-1})	试验值/(kN·m^{-1})	相对误差/%
B1	30.68	28.72	118.55	12.45	12.40	0.40
B2、B3	30.68	38.81	118.55	14.28	15.35	-6.97
K	—	—	—	—	—	3.69

注：B2、B3试验值取二者平均值；K 为平均误差绝对值。

②竹–短实木组合梁。

随着荷载的不断增加，试件的受力形态不断变化，达到极限状态时，跨中梁底木纤维发生受拉破坏，计算简图见图 3-48。

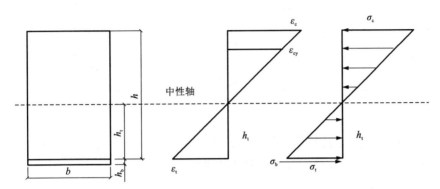

图 3-48　竹–短实木组合梁截面计算简图

在充分考虑平衡条件后导出式 3-32：

$$\frac{1}{2}\sigma_c \times (h-h_t) \times b = \sigma_b A_s + \frac{1}{2}h_t\sigma_t b \qquad (3-32)$$

$$M_u = \frac{1}{2}\sigma_c \times b \times \left[\frac{2}{3}(h-h_t)+h_t\right] \times (h-h_t) - \frac{1}{6}\sigma_t b h_t^2 \qquad (3-33)$$

式中：h 为木梁截面高度，mm；h_t 为木梁受拉区高度，mm；A_s 为竹集成材截面积，mm²；b 为梁截面宽度，mm；σ_c 为木梁顶部压应力，MPa；σ_t 为木梁底部拉应力，MPa；σ_b 为竹集成材拉应力，MPa；M_u 为组合梁截面弯矩设计值，MPa。

以实测值为参考，利用公式确定出跨中截面弯矩值，并将计算值与试验值做比较，见表 3-36。由于存在相对滑移的现象，暂取材料强度折减系数 $K_Q = 0.5$，即 $\sigma_t = 0.5f_{tu} = 0.5 \times 35.28 = 17.64$ MPa，$\sigma_b = 0.5f_y = 0.5 \times 107.77 = 53.89$ MPa。针对跨中有明显木节的试件，考虑跨中木节的影响及天然缺陷和干燥缺陷等因素，结合试验结果，竹–短实木组合梁截面弯矩设计值考虑修正系数为 0.65，木材抗拉强度设计值折减系数为 0.24。

表 3-36　受弯承载力理论值与试验值对比

组别	σ_c/MPa	σ_b/MPa	σ_t/MPa	理论值 /(kN·m⁻¹)	实测值 /(kN·m⁻¹)	相对误差/%
C2	30.68	53.89	4.23	4.78	5.58	-14.34

续表3-36

组别	σ_c/MPa	σ_b/MPa	σ_t/MPa	理论值 /(kN·m^{-1})	实测值 /(kN·m^{-1})	相对误差/%
C1、C3	30.68	53.89	17.64	8.11	8.37	−3.11
D2	30.68	107.77	8.47	8.31	7.44	11.69
D1、D3	30.68	107.77	35.28	11.75	11.16	5.29
K	—	—	—	—	—	8.61

注：C1、C3试验值取二者平均值，同D1、D3试验值；K为平均相对误差绝对值。

由表3-36可知，计算值与试验值的相对误差在20%以内，平均相对误差低于10%，表明本公式计算受弯承载力是合理可行的。

③界限破坏配筋截面高度建议值。

由于试件数量有限，不能再以配筋截面高度为参数进行试验研究，参照钢筋混凝土梁适筋破坏受力的整个过程，推导出竹集成材配筋截面高度建议值。推导假定条件如下：原木梁没有达到极限拉应力，竹集成材即将遭遇破坏，受压侧原木梁达到塑性阶段。计算简图见图3-49。

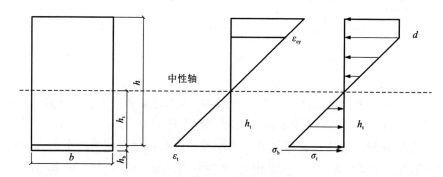

图3-49　截面计算简图

满足上述假定条件，可得 $\sigma_t < \sigma_{tu}$，$\sigma_b = f_y$，$\sigma_c = f_{cu}$。基于应变不变原则：

$$\frac{\sigma_t}{E_t} = \frac{\sigma_b}{E_b} \tag{3-34}$$

即 $\sigma_t = E_t \sigma_b / E_b$，由相似三角形关系可得：

$$\mu = \frac{\varepsilon_{cu}}{\varepsilon_{cy}} = \frac{h - h_t}{h - h_t - d} \tag{3-35}$$

通过荷载-位移曲线分析进一步发现，μ 取值为 1.59，将式(3-35)已知参数套入下式：

$$h_t = \frac{h}{1.59\dfrac{\sigma_c}{\sigma_t}+1} \tag{3-36}$$

根据图 3-49，得到力和力矩的平衡关系：

$$\sigma_c db + \frac{1}{2}\sigma_c \times (h-h_t-d) \times b - \sigma_b A_s - \frac{1}{2}h_t\sigma_t b = 0 \tag{3-37}$$

$$M_u = \sigma_c db \times \left(h-\frac{d}{2}\right) + \frac{1}{2}\sigma_c \times b \times (h-h_t-d) \times \left[\frac{2}{3}(h-h_t-d)+h_t\right] - \frac{1}{6}\sigma_t bh_t^2 \tag{3-38}$$

计算结果见表 3-37。

表 3-37　竹集成材配筋截面高度计算结果

σ_c/MPa	σ_b/MPa	σ_t/MPa	h_t/mm	d/mm	h_b/mm	M_u/(kN·m^{-1})
30.68	118.55	24.63	45.30	33.10	8.55	16.56

根据表 3-37 可得，在各个部件协同工作的情况下，竹木组合梁开裂瞬间，配筋截面高度为 8.55 mm，弯矩设计值为 16.56 kN/m。若继续加载，极限承载力达到 53.42 kN，弯矩为 24.84 kN/m。

3.5　竹木组合板受弯特性研究　>>>

将竹片板与小木方胶合组合成竹木组合板结构，本章主要研究其受弯力学性能。

1)竹木组合板设计及制作

此次试验共设计了一组竹木组合板和一组原木板，规格均为 2000 mm(长)×600 mm(宽)×60 mm(厚)，编号分别为 A1~A3、B1~B3，其中 A1~A3 为竹木组合板，B1~B3 为原木板。竹木组合板由竹集成板和实木胶合板组成，竹集成板由厚度为 5 mm 的竹片通过胶结实木板表面而成，实木胶合板若干个长短不一的小尺寸实木木方胶合而成；原木板则由两块规格为 60 mm×300 mm×2000 mm 的原木板组合而成。

2)试验材料

竹材：选用由湖南益阳桃花江竹业有限公司生产的竹片，由 4~6 年生的南方楠竹加工而成，集成竹板规格为 5 mm×600 mm×2000 mm，试验测得其密度为 820 kg/m³，含水率为 10.7%。

木材：选用樟子松，其规格高×宽为 50 mm×50 mm，长度为 10~80 cm 不等，原木板尺寸为 60 mm×300 mm×2000 mm，试验测得其密度为 432 kg/m³，含水率为 10%~13%。

胶结材料：水性环氧 AB 胶。初步固化时间为 3 h，完全固化时间为 24 h。用于黏结木方与竹片板；汉高百得胶通用型，不含高毒溶剂甲苯及卤代烃，初黏力>600 Pa·s、终黏力>2200 mPa·s(25 ℃)，用于木方间黏结。竹木组合板材料实物见图 3-50。

(a) 竹片　　　　　　　　　(b) 木方

(c) 胶水　　　　　　　　　(d) 原木板

图 3-50　竹木组合板材料

3)制作方法

为测试竹木组合板的力学性能，本试验用的竹木组合板尺寸为 2000 mm×600 mm×60 mm，竹木组合板为上下对称胶合组合板，表面层板为竹片，中间层板为实木胶合木板材，采用胶结材料黏结形成胶合木板。

本次试验设计了 2 组共 6 块试件，具体见图 3-51~图 3-53。

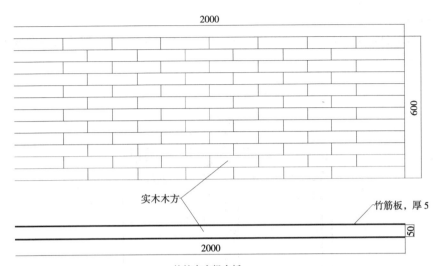

竹筋实木组合板

图 3-51　试件尺寸 (单位：mm)

图 3-52　试件实物

图 3-53　加压与养护

4)试验装置与加载制度

竹木组合板的幅面规格为 2000 mm×600 mm×60 mm,试验加载装置及应变片布置见图 3-54。

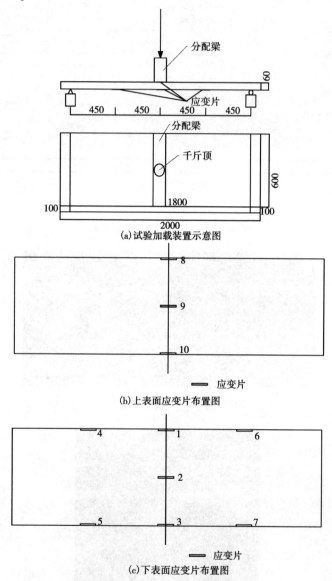

(a)试验加载装置示意图

(b)上表面应变片布置图

(c)下表面应变片布置图

图 3-54 试验加载装置及应变片布置图(单位: mm)

旨在直观、清晰地反映竖向位移变化情况,总共布置 9 个位移计,跨中的中部布置 2 个千分表，量程精准至 10 mm 级别，其他 3 个百分表量程则精准至 50 mm 级别。在竹木组合板的上下表面指定的位置粘贴 BX120-50AA 型应变片，编号为 1~10 号。采用 DH3818 静态应变测试仪进行数据采集。采用三分点加载，预加荷载选取极限荷载的 20%，持荷 5 min 之后去除负载；正式试验采用分级加载，每级荷载值取 10%，进入非弹性阶段后，以 3 mm 为梯度进行均匀加载，直至试件完全被破坏，持荷时间不低于 5 min。

加载过程中记录每级荷载下的应变、挠度及外观变化情况，直至应变或挠度出现突变或试件破坏，此时停止加载。

本试验主要研究沿竹筋板顺纹方向的力学性能。竹木组合板总体上是一种弹塑性材料，在弹性变形阶段（小变形）为线弹性变形。通过对竹木组合板试件在小变形阶段应变、挠度的测试，对其受弯性能进行分析和评价。

5）试验现象及破坏形态

A1~A3 为竹木组合板，加载初期出现细微响声，表明实木接触面之间存在一定缝隙；随着荷载的增大，受拉区接触面出现裂纹；当接近极限荷载时，由于变形过大，受拉区实木接触面及受压区竹片和实木接触面发生局部剥离，拉应力由实木和竹筋板共同承担转变为仅由竹筋板承担，木材强度未能完全发挥；最后，竹筋板在加载点下方实木接触面位置发生剪切破坏［图 3-55（a）、（b）］。

(a) 组合板上部竹筋板与实木剥离　(b) 组合板上部竹筋板与实木剥离与脱胶

(c) 木板底受拉破坏

图 3-55　典型破坏形式（板底受拉破坏）

对比试件 B1~B3 为原木板，当竖向荷载增至极限荷载的 40%~50% 时，实木板底部受拉区产生应力集中，开始出现裂缝，并沿 45°方向延展。随着荷载的增加，裂缝进一步发展，最后导致试件受拉区木纤维达到极限拉应变，木节处发生受拉破坏[图 3-55(c)]。

6)试验结果与分析

1)抗弯刚度

三组竹木组合板尺寸规格为 60 mm×600 mm×2000 mm，两端预留 70 mm，即 $a = 70$ mm，计算跨径为 $L = 1860$ mm，通过试验结果及公式 $E = \dfrac{23}{108} \times \left(\dfrac{L}{a}\right) \times \left(\dfrac{\Delta F}{\Delta e}\right) \times \dfrac{1}{b}$ (式中：ΔF 为荷载增量；Δe 为 ΔF 作用下梁所产生的中点挠度；b 为板截面宽度)计算弹性模量，计算结果见表 3-39。

表 3-38　竹木组合板抗弯刚度一览表

项目	荷载增量 ΔF/kN	中点挠度 Δe/mm	弹性模量 E/MPa
L1	5.72	36.3	6995.13
L2	5.69	36.5	6920.31
L3	5.57	35.9	6887.59
平均	—	—	6934.34

注：由表计算的弹性模量平均值为 6934.34 MPa，又 $\dfrac{|x_i - \bar{x}|}{\bar{x}} \times 100\% \leqslant 10\%$，故取其组合结构弹性模量为 6934.34 MPa。

由表 3-19 可知，竹木组合板抗弯刚度 E_{1I} 为 74.89×10⁶ N·mm²，而原木板抗弯刚度 E_{2I} 为 71.51×10⁶ kN·mm²，竹木组合板抗弯刚度相比原木板提高了 4.73%。

(2)荷载-跨中挠度关系。

通过分析竹木组合板和原木板的试验数据，整理分析得到相关表、图，即荷载-跨中挠度试验数据(表 3-39)、荷载-跨中挠度曲线(图 3-56)。

表 3-39 A 组和 B 组荷载-跨中挠度试验数据

弯矩 /(kN·m⁻¹)	B1 跨中 挠度/mm	B2 跨中 挠度/mm	B3 跨中 挠度/mm	A1 跨中 挠度/mm	A2 跨中 挠度/mm	A3 跨中 挠度/mm
0.00	0.00	0.00	0.00	0.00	0.00	0.00
0.45	1.75	6.01	1.85	1.96	1.92	6.05
0.90	3.89	4.66	4.12	3.12	6.93	3.50
1.35	5.74	6.79	6.21	4.23	4.19	4.95
1.80	7.65	8.65	8.31	5.74	5.16	6.36
6.25	9.43	10.95	10.22	7.33	7.16	8.33
6.70	11.23	12.60	11.84	8.78	8.24	9.73
3.15	13.06	14.31	13.67	10.21	9.72	11.42
3.60	14.77	15.99	15.34	11.70	11.32	13.08
4.05	16.53	17.90	17.10	13.35	13.57	15.44
4.50	18.40	20.34	19.29	14.73	15.06	16.87
4.95	20.66	26.77	21.66	16.12	16.68	18.49
5.40	26.58	24.54	23.47	17.42	18.24	20.06
5.85	24.59	26.38	25.39	18.98	19.78	21.72
6.30	27.40	29.76	28.64	21.32	21.48	23.68
6.75	29.55	36.32	30.95	23.28	23.21	25.46
7.20	31.56	33.67	32.67	25.46	24.29	27.07
7.65	33.85	36.91	35.27	27.68	26.04	28.83
8.10	36.17	39.40	37.90	29.54	28.20	30.96
8.55	38.74	43.01	40.34	31.81	30.01	32.72
9.00	41.02	44.89	42.96	34.47	31.85	34.66
9.45	43.20	46.90	44.99	37.36	33.68	36.37
9.90	45.89	48.73	47.58	40.02	34.55	38.19
10.35	48.15	50.87	49.93	42.6	36.66	40.37
10.80	50.59	56.21	52.84	45.79	38.98	43.03
11.25	56.78	54.38	55.76	48.33	42.92	46.16

续表3-39

弯矩 /(kN·m^{-1})	B1跨中 挠度/mm	B2跨中 挠度/mm	B3跨中 挠度/mm	A1跨中 挠度/mm	A2跨中 挠度/mm	A3跨中 挠度/mm
11.70	54.66	55.93	57.35	50.96	45.40	48.68
12.15	56.63	57.81	58.97	52.89	47.34	51.47
12.60	—	58.38	—	57.58	49.56	54.02

注：A为竹木组合板；B组为原木板。下同。

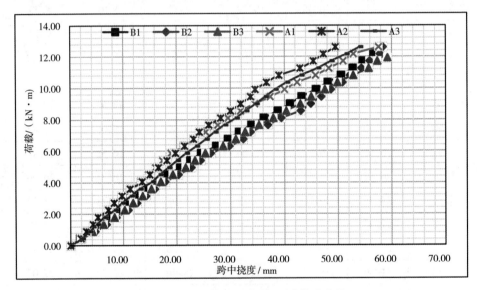

图3-56　A组和B组荷载-跨中挠度曲线

由表3-39可得：随着荷载的增加，原木板试件与竹木组合板试件跨中挠度随之增加；加载至极限荷载时，B1、B3原木板试件已经被破坏，B2原木板试件底部开裂，极限挠度为58.38 mm；A1~A3竹木组合板试件上部竹片受压拱起，极限挠度分别为57.58 mm、49.56 mm、54.02 mm。

由图3-56可知：在整个试验加载阶段，荷载-跨中挠度呈线性变化，开始阶段处于弹性变形阶段；随着荷载的增加，当荷载接近或达到极限破坏荷载时，原木板和竹木组合板试件曲线斜率均发生一定程度的减小，荷载与跨中挠度呈非线性增长，进入弹塑性变形阶段。在荷载作用下，竹木组合板相比于同尺寸的原木板弹性阶段荷载基本相同，竹木组合板的跨中挠度比原木板的跨中挠度小10%左右。当进入塑性变形后,原木板斜率变化略小于竹木组合板,竹木组合板的破坏荷载相比于原木板大 0~10%,平均提高了 5.1%;破坏跨中挠度相比于原木板减小 1.1%~9.3%,平均减小了 5.7%。试验结果表明,竹木组合板能够有效提高原木结构的承载能力。

　　加载试验过程中,对各个试件的跨中及四分点挠度进行测试,测试结果见图 3-57~图 3-58。

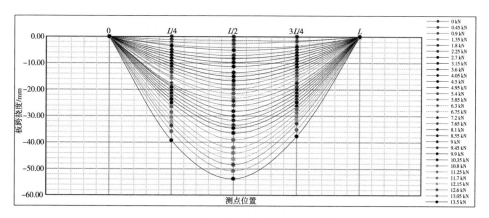

图 3-57　竹木组合板板跨挠度曲线图

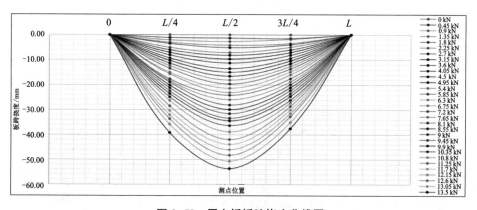

图 3-58　原木板板跨挠度曲线图

　　由图 3-57、图 3-58 可得,竹木组合板跨中的极限挠度为 53.72 mm(三组试件的平均值),原木板跨中的极限挠度为 58.38 mm,相比而言,原木板挠度提高了约 7.98%。

　　通过图 3-57~图 3-58,不难看出,竹木组合板及原木板在板跨各级集中荷载的作用下，板跨挠度曲线光滑、曲率平缓；同时可以看出，各截面的板跨挠度关于板跨中截面基本对称。随着荷载的增加，各点的板跨挠度均在增加，且板跨挠度随着荷载增加的速率变大，板跨的挠度与荷载呈非线性。

（3）跨中截面沿高度应变变化情况

从 A、B 两组试件中分别选取典型试件以验证平截面假定，竹木组合板试件跨中截面沿高度的应变变化情况见图 3-59。

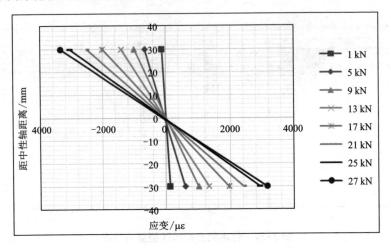

(a) 竹-木组合板跨中应变沿截面高度变化图

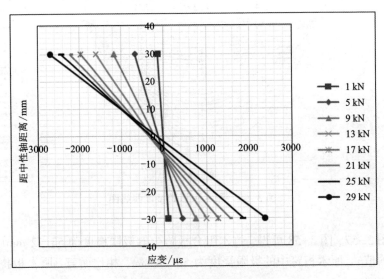

(b) 原木板跨中应变沿截面高度变化图

图 3-59　跨中截面沿高度应变变化图

由图 3-59 可知，竹木组合板试件在荷载作用下基本满足平截面假定。

由图 3-59(a)可知，加载初期，竹木组合板的拉力全部由竹片承受，随着荷载的增加，受拉区竹片没有发生受拉破坏，中性轴随着荷载的增加基本保持不变，受压区高度基本不变，直至受压区屈服；原木板的受拉应力由下缘木板承受，随着荷载的增加，木板下缘开裂，中性轴逐渐上移，受压区高度逐渐减小。

（4）延性分析。

原木板与竹木组合板的位移延性系数见表 3-40。

表 3-40　原木板与竹木组合板延性系数

名称	极限挠度/mm	屈服挠度/mm	延性系数
原木板	58.38	38.66	1.51
竹木组合板	53.72	30.18	1.78

由表 3-40 可知，相较于原木板，竹木组合板延性有所提升，延性系数提高幅度为 17.9%。

（5）竹木组合板受弯承载力计算。

根据试验具体情况，竹木组合板为两端支承单向板，可以采用梁的分析方法。竹木组合板荷载由竹集成材和胶合木材共同作用，但由于两种材料弹性模量不同，为了验证竹木组合板抗弯承载力，采用换算截面法，计算假定如下：

①木材和竹材均为理想弹性材料。

②实木与竹集成板连接可靠，不考虑胶层厚度，两者黏结完好，相对滑移较小，忽略不计。

③在受拉区不考虑木材抗拉强度，即受拉区拉应力全由竹集成板承担，受压区由实木和竹集成板共同承受压应力，因为上层竹集成板比木板薄，偏安全考虑，将上层竹集成板等效为等厚度木板。

因试件在加载过程中破坏形态基本表现为受压破坏，类似于钢筋混凝土超筋破坏，以抗压强度为控制强度，竹木组合板截面计算简图见图 3-60。

根据图 3-60，可得：

$$\begin{cases} T = f_s b' h' \\ b' = E_s / E_c b \end{cases} \tag{3-39}$$

式中：E_s 为竹片板弹性模量；E_c 为木材弹性模量；h' 为竹片厚度；b 为板截面宽度；b' 为换算截面宽度；T 为竹片拉力。

计算分析可得各板跨中底部竹片拉力 T，见表 3-41。

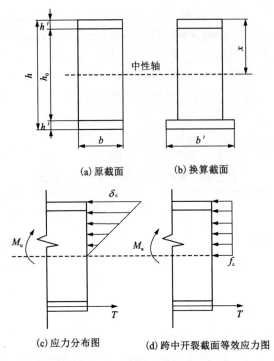

(a) 原截面　　　　(b) 换算截面

(c) 应力分布图　　　(d) 跨中开裂截面等效应力图

图 3-60　竹木组合板截面计算简图

表 3-41　各板跨中底部竹片拉力

试件编号	竹皮拉应力/MPa	竹片厚度/mm	换算宽度/mm	竹片拉力 T/kN
A1	3.693	5	3143.38	58.048
A2	6.219	5	3143.38	34.875
A3	6.092	5	3143.38	36.875

由表 3-41 计算结果可知竹片拉应力远远没有达到其抗拉强度，上部受压区为控制截面，又可知，受力前后竹木组合板中性轴基本保持不变，结合平衡条件，极限状态受压区高度 $x=h'f_s/f_e$，则：

$$\begin{cases} M_u = f_c b(h_0+h')^2 \zeta_b(1-0.5\zeta_b) \\ \xi_b = \dfrac{x}{h_0+h'} \end{cases} \tag{3-40}$$

式中：h 为组合板截面高度；h' 为竹片厚度；h_0 为木材高度；b 为板截面宽度；ξ_b 为组合板顶部压应力；f_c 为组合板木材抗压强度；f_s 为竹片抗拉强度；T 为竹片拉

力；M_u 为竹-实木组合梁截面弯矩设计值。

以实测值为参考，利用式 3-40 确定出跨中截面弯矩值，并将计算值与试验值做比较，具体计算结果见表 3-42。

表 3-42　受弯承载力计算值与试验值对比

试件编号	跨中底部应力/MPa	跨中底部竹板拉应力/kN	理论值/(kN·m⁻¹)	实际值/(kN·m⁻¹)	相对误差/%
A1	5.719	58.048	14.82	16.15	18.02
A2	3.436	34.875	14.82	16.60	14.98
A3	3.154	36.875	14.82	16.15	18.02
平均值	—	—	14.82	16.30	17.00

由表 3-42 可知，理论值比实际计算值平均高 17.00%，主要原因在于胶黏剂的影响，竹木组合板破坏形态为实木板开裂，开裂前后实木板与竹片未能完全黏结形成整体进而有效工作。

3.6　竹木组合空心圆柱受压特性研究

松树等工程木材存在着一个非常突出的问题，即生长时间漫长。人工速生林虽然生长时间较短，但是木质疏松，无论是尺寸大小、弹性模量，还是强度设计值，都无法满足工程使用标准。工程用木材供不应求导致价格昂贵。在此背景下，人们研制出胶合木结构，它优势显著，不仅具有较高的承载力，而且具有良好的防火防腐性，最重要的是能够有效缩短截面尺寸，使得木材得到充分利用，能满足大截面、大跨度构件的需要。

本书利用胶合剂将小型锯材组合成胶合空心圆木柱。本章选用胶合空心圆木柱与竹木组合空心圆柱进行轴心受压承载力试验，旨在深入探讨并研究其力学性能。

3.6.1　胶合空心圆木柱力学性能试验研究

1）试件的设计与制备

木材：选用樟子松，根据空心模具大小加工为截面尺寸能放进模具的实木方，长度 10~100 cm 不等，其密度为 432 kg/m³。

通过计算对截面等分划分，刨削制作 20 根相同尺寸拱形锯材，并制作 3 个钢套圈对圆木柱定型胶合，用胶黏剂进行胶合时施加 2 MPa 压力，最后养护整形。本次试验总共设计制作 3 个试件，试件截面尺寸为外径 340 mm、内径 232 mm、长度为 1000 mm，按照长细比分类为短柱。

试件由小型锯材胶合而成，胶黏剂采用无醛木工胶，顶立无醛木工胶特效型拼板胶 800，保证其胶合强度不低于木材顺纹抗剪强度和横纹抗拉强度。加工过程中对锯材目测分级，保证每个试件强度基本一致。根据《木材含水率测量方法》要求对该批胶合木的含水率进行有效测定，结果为 13%。

胶合空心圆木柱制作工艺：首先在工厂选取材质一致、色差不明显的樟子松加工成若干根长为 1 m、外圈直径 34 cm、内圈直径 23.2 cm 的空心圆柱，见图 3-61。

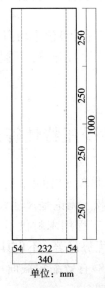

单位：mm

图 3-61　木柱加工尺寸示意

木材加工好后应在 2~3 h 内完成拼接并存放 24 h，使胶液充分发挥黏结作用，黏结见图 3-62。拼接时，试件需在室温下保持加压状态直至胶液完全发挥黏结作用，加压值控制在 2~10 N/mm²。

2) 试验装置与加载制度

采用 5000 kN 压力试验机进行加载，压力试验机上下均采用球铰，保证了试验过程中试件受力均匀；采用 XL2101C 程控静态电阻应变仪采集应变数据。为

图 3-62　胶合空心圆木柱的黏结

了监测试件受力过程中的位移和变形情况，在试件高度方向 3/4、1/2、1/4 处分别设置 A、B、C 三个测面，每个测面的六分点处环向间隔布置轴向和水平应变片各 3 个，一共 18 个应变片测点，同时在试件高度方向 1/2 处四分点处环向放置了 4 个 X、Y 相互垂直的位移计测量柱中侧向位移。加载装置和测点布置见图 3-63。

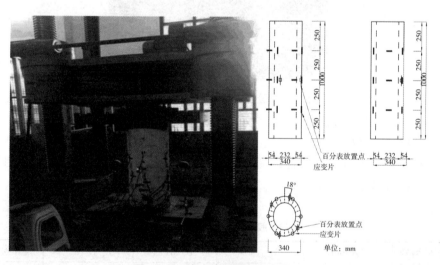

图 3-63　试验装置及测点布置图

为保证试验过程中圆木柱的轴心受压，试验准备阶段采取几何对中与物理轴线对中措施。试验开展前，先进行预加载，确保读数值偏差控制在 5% 以内。以 0.4~0.6 kN/s 的速度进行均匀加载，每级荷载为 30 kN。

3) 试验现象及破坏形态

3 根胶合空心圆木柱轴心受压典型破坏形式见图 3-64 所示。当 A-1 试件负载压力提高到 760 kN 时，试件发出刺耳且剧烈的劈裂声，柱中部还出现非常明显的横向裂缝；当负载压力提高到 860 kN 时，裂缝进一步扩大；当负载压力提高到 930 kN 后，试件受不断扩大的裂缝影响，柱中侧向位移迅速增大，靠近柱中位置横向出现褶皱引起压屈破坏。A-2 试件在荷载增至 810 kN 时，柱底部出现横向裂缝；当荷载增至 1000 kN 时，木柱底部褶皱环向长度是周长的一半，进而压屈。A-3 试件在荷载增至 780 kN 时，出现"嘭"的声音；当荷载增至 880 kN，试件中部横向褶皱斜向 45° 发展，破坏前有明显预兆。

图 3-64　胶合空心圆木柱典型破坏形态

4）试验结果与分析

（1）特征参数。

表 3-43 给出了受压性能试验的主要试验结果，其中 N_{peak} 为试件轴压极限荷载，σ 为试件轴压极限应力，ε_{peak} 为试件轴压极限应变。

表 3-43　胶合空心圆木柱特征参数统计

试件编号	L_0/mm	N_{peak}/kN	σ/MPa	$\varepsilon_{peak}/10^{-6}$	破坏模式
A-1	1000	966.5	19.43	2723.50	强度破坏
A-2	1000	1100.6	22.68	2162.33	强度破坏
A-3	1000	980.4	19.86	1962.67	强度破坏
平均值	—	1014.5	20.66	2282.80	—

（2）荷载-应变关系。

试验过程中对各个试件的横向应变、纵向应变进行了记录，荷载-应变曲线见图 3-65。

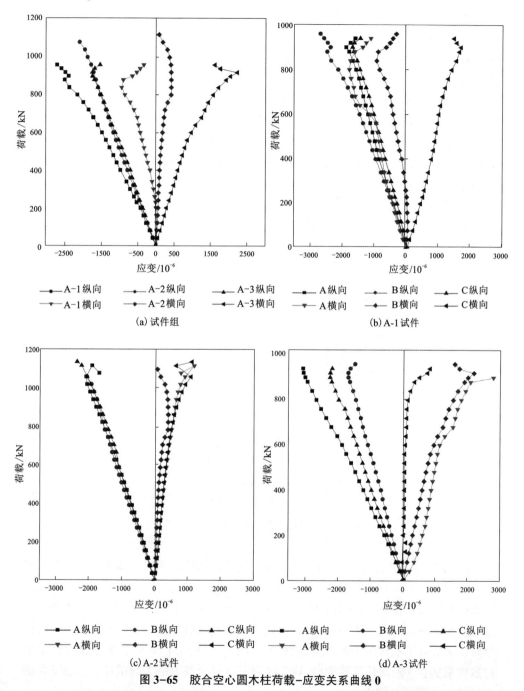

图 3-65　胶合空心圆木柱荷载-应变关系曲线 0

由图 3-65 可以得出以下结论：在整个受压过程中，各试件纵向应变变化趋势相吻合，主要经历了三个阶段，一是弹性阶段，二是弹塑性阶段，三是塑性阶段。在弹性阶段，应变曲线斜率未发生任何变化，但具有显著的线性关联。在荷载压力不断增大的同时，曲线斜率则逐渐减小，试件进入了弹塑性阶段，直到试件达到峰值荷载。随着变形的增加，试件的承载能力快速下降，柱中侧向变形增大并出现压屈的现象，进而失去承载能力。

在受压过程中，试件横向应变变化趋势有所差别，与试件制作误差、木节、截面弧度有关。从图 3-65(b)可看出，A-1 试件横向存在受压变化，与轴向压应变相近，位于长度 3/4 处，整体呈现出线性增加趋势。A-2 试件横向应变整体最小，同时承载力最高。

(3)荷载-位移关系。

根据试验数据绘制荷载-位移曲线，见图 3-66~图 3-67。分析对比图中数据可以得出以下结论。

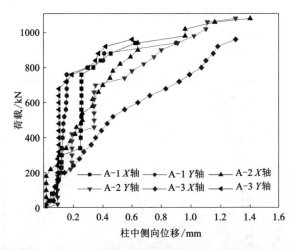

图 3-66 荷载-柱中侧向位移关系曲线

由图 3-66 可知：①在加载初期，由于试件制作缺陷和物理偏心，试件存在微小侧向位移；②在前半段，试件主要承受压应力，柱中侧向未发生位移。当负载压力施加到极限值的 80% 时，侧向出现了明显位移，伴随荷载的增加呈线性增大，最大侧向位移为 1.4 mm；③A-1 试件与 A-2 试件的侧向位移存在几个增长台阶，这是由于木材属于各向异性材料，存在一定的层积效应，在加载过程中木材数次紧实；④侧向位移最大的 A-2 柱同时也是承载力最大的试件，空心组合圆木柱的允许变形范围大。

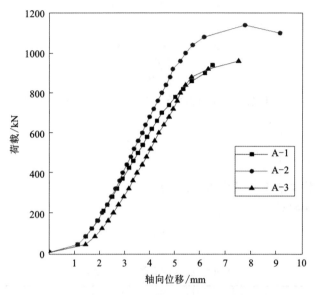

图 3-67　荷载-轴向位移关系曲线

由图 3-67 可知：①在加载初期试件出现了较大的轴向位移，此时主要由于进行过预加载，荷载与变形关系趋于稳定，但仍存在一些空隙，故初始位移较大；②构件主要承受压应力，随着荷载的继续增加，轴向位移均匀增大；③当荷载加载到最大荷载的 80% 左右、轴向位移达到 6 mm 左右时，三个试件的曲线斜率均突然增大，这是因为木材局部的褶皱和胶合面发生纵向开裂，试件失去承载能力；④在加载过程中，荷载-轴向位移曲线具有一定的塑性阶段，试件破坏不是突然发生的，属于延性破坏。

（4）承载能力。

取 5 根樟子松短柱轴压试验数据作为承载能力稳定系数的计算依据，根据《木结构设计标准》（GB 50005—2017）的规定对相关试验组进行计算：

$$\varphi_1 = \frac{N_{peak}}{Af_u} \tag{3-41}$$

式中：φ_1 为试验稳定系数值；N_{peak} 为试件的稳定承载力试验值；A 为试件受压面积；f_u 为短柱试件抗压强度。

计算结果见表 3-44。

查得樟子松锯材的强度等级为 TC13，计算稳定系数按式 3-42 计算。

$$\begin{cases} \varphi_2 = \dfrac{\alpha_c \pi^2 \beta E_k}{\lambda^2 f_{ck}}, & \lambda > \lambda_c \\[4mm] \varphi_2 = \dfrac{1}{1 + \dfrac{\lambda^2 f_{ck}}{b_c \pi^2 \beta E_k}}, & \lambda \leqslant \lambda_c \end{cases} \tag{3-42}$$

式中：φ_2 为按《木结构设计标准》(GB 50005—2017)计算的理论稳定系数值；λ 为试件长细比。

$$\lambda_c = C_c \sqrt{\dfrac{\beta E_k}{f_{ck}}}$$

轴心受压构件稳定承载力 N_0 按式 3-43 计算，稳定系数及轴心受压承载能力计算结果见表 3-44。

$$N_0 = \varphi_2 f_u A \tag{3-43}$$

表 3-44　胶合空心圆木柱试验结果

试件编号	N_{peak}/kN	f_u/MPa	φ_1	φ_2	Δ_1/%	N_0/kN	Δ_2/%
A-1	966.5	23.24	0.85	0.97	-12.30	1094	-12.0
A-2	1100.6	23.24	0.98	0.97	0.01	1094	0.5
A-3	980.4	23.24	0.87	0.97	-10.30	1094	-10.4
平均值	1014.5	23.24	0.90	0.97	-7.50	1094	-7.3

注：$\Delta_1 = \dfrac{\varphi_1 - \varphi_2}{\varphi_2} \times 100\%$；$\Delta_2 = \dfrac{N_{peak} - N_0}{N_{peak}} \times 100\%$。

　　将胶合空心圆木柱环形截面积换算为圆形截面积，得圆木柱直径为 248 mm，按规范计算得圆木柱稳定承载力为 1059 kN，稳定系数为 0.94。对比分析可得：采用空心组合圆木柱后，计算承载力提高了 4.3%，与试验所得稳定承载力相近，稳定系数提高了 4.3%。采用空心形式后，相较于相同截面积的圆木柱，胶合空心圆木柱承载力有所提高，整体稳定性更好，受力性能得到了改善。

　　试验所得承载能力稳定系数值与规范计算值相比有所降低，稳定系数值平均下降了 7.5%，试件的稳定承载能力比短柱试件平均下降了 7.3%，差值在试验允许误差范围内，主要由于组合木柱胶合过程中的胶合平整度和材料的物理偏心，在木柱受压过程中对稳定承载力有影响，A-2 试件最接近理想情况。

3.6.2　竹木组合空心圆木柱的设计与制备

为了进行对比研究,本节制作一种新型的竹木组合空心圆柱,即竹木组合空心圆柱。竹木组合空心圆柱是采用木材为圆柱主体,外侧缠绕竹条(套箍作用)进行加强的一种新型结构竹木组合柱,它属于竹材与木材组合复合材料的范畴。

试件制作完成之后进行力学性能试验,研究竹材与木材的组合构件的承载能力及加载过程的受力特征,为新型竹木组合胶合空心圆木柱提供试验和理论依据。

1)试件的设计制备

竹材:选用由湖南益阳市生产的 4~6 年生的毛竹经过加工制成的竹片,规格为 n mm×10 mm×1 mm(n 根据绑扎要求确定),密度为 0.800 g/cm^3,含水率为 8%~13%。

木材:选用樟子松,根据空心模具大小加工为截面尺寸能放进模具的实木方,长度为 10~100 cm 不等,其密度为 432 kg/m^3,含水率为 10%~13%。

胶结材料:采用顶立无醛木工胶特效型拼板胶 800,见图 3-68。

图 3-68　胶结材料

本次试验共设计了三个试件,试件的截面尺寸为外径 34 cm、内径 23.2 cm、试件高度为 100 cm,外表面缠绕厚度为 1 mm 的竹皮,见图 3-69。试件是用胶黏剂将小型锯材胶合而成,外表面环向缠绕竹皮并与木柱紧密胶合。对锯材目测分级,保证每个试件强度基本一致。根据《木材含水率测量方法》测得该批胶合木的含水率为 13%。

竹木组合结构研究与应用

(a)　　　　　(b)

图3-69　竹木组合空心圆柱试件

2) 竹木组合空心圆柱的制作工艺流程

选取材质一致且色差不明显的竹材在黏结前依次连接成一个整体，在胶合木空心圆柱的拼接完成后于室温下进行竹材的黏结，黏结时注意从上至下保持同一方向螺旋式黏结于试件外侧，黏结后施加径向压力使竹材紧密贴合木柱。依据试验研究成果，选取涂胶量300 g/m² 以保证黏结效果，施加的径向压力依据《胶合木结构技术规范》控制在 2~10 N/mm² 范围内。

竹木组合空心圆柱试件制作过程见图3-70。

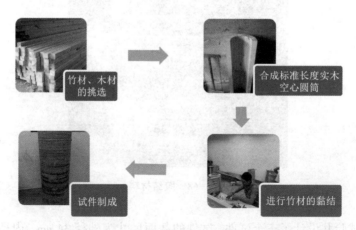

图3-70　竹木组合空心圆柱试件制作过程

3) 试验装置与加载制度

采用500 kN 压力试验机进行加载，在试件高度方向1/4、1/2、4/3 处分别设置 A、B、C 三个测面，每个测面环向间隔布置轴向和水平应变片各6个，一共

138

18 个应变片测点，同时在试件柱中处环向设置了 4 个相互垂直的位移计，用于测量轴心压杆柱中侧向位移，加载装置和测点布置见图 3-71。

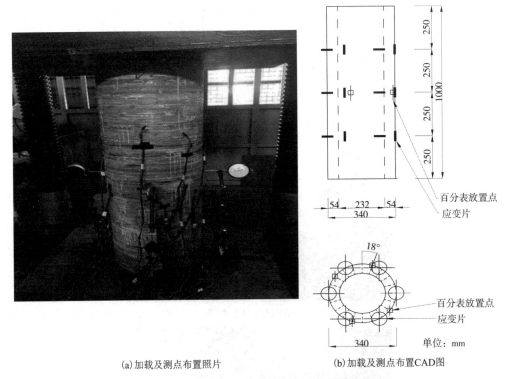

(a) 加载及测点布置照片 　　　(b) 加载及测点布置CAD图

图 3-71　加载示意图以及应变片、百分表测点布置

采取几何对中与物理轴线对中措施确保试验过程中竹木组合空心圆木柱为轴心受压。在试验开展前，先进行预加载处理，确保读数值偏差控制在 5% 以内。正式试验时以 0.4~0.6 kN/s 的速度进行均匀加载，每级荷载为 35 kN。

4) 试验现象及破坏准则

3 根竹木组合空心圆柱轴心受压试验后的典型破坏形式如图 3-72 所示。B-1 试件在荷载加至 920 kN 时，发出一声"滋拉"声，柱中偏下部位沿横向胶合面方向出现褶皱；当荷载增加至 1080 kN 时，褶皱范围沿纵向继续发展扩大；在荷载增加至 1200 kN 的过程中，试件褶皱面积变大，柱中变形迅速增大，发生压屈破坏。B-2 试件在荷载增至 950 kN 时，外表面竹皮出现断裂；当荷载增至 1220 kN 时，中部横向褶皱压屈。B-3 试件在荷载增至 1000 kN 时，出现"嘭"的声音，破坏前无明显预兆。

139

(a) B-1　　　　(b) B-2　　　　(c) B-3

(d) B1 柱破坏形态

(e) B2 柱破坏形态

(f) B3 柱破坏形态

图 3-72　试件破坏 CAD 图及相应照片

5）试验结果与分析

竹木组合空心圆木柱试验结果及破坏模式见表 3-45。

表 3-45　竹木组合空心圆木柱特征参数统计

试件编号	L_0/mm	N_{peak}/kN	σ_M/Pa	$\varepsilon_{peak}/10^{-6}$	破坏模式
B-1	1000	1180	24.32	-2724.5	强度破坏
B-2	1000	1196	24.65	-2853.8	强度破坏
B-3	1000	1095	26.57	-2973.6	强度破坏
平均值	—	1157	23.85	-2850.6	—

（1）荷载-应变关系

根据试验数据绘制荷载-应变曲线，见图 3-73。

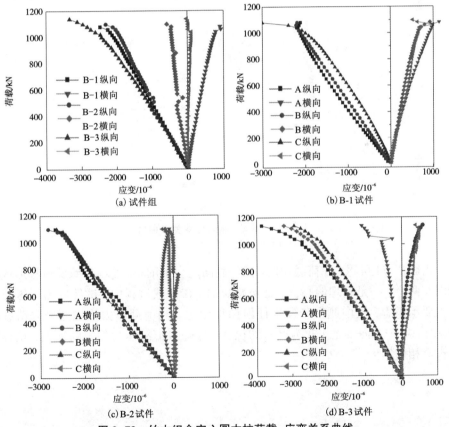

图 3-73　竹木组合空心圆木柱荷载-应变关系曲线

141

由图 3-73 可以得出以下结论：在整个受压过程中，各试件纵向应变变化态势基本吻合，主要经历了三个重要阶段，即弹性阶段、弹塑性阶段及塑性阶段。在弹性阶段下，应变曲线斜率未发生大的变化，具有显著的线性关联。在荷载压力不断增大的同时，应变曲线斜率则逐渐减小，试件进入弹塑性阶段，直到试件达到峰值荷载。随着变形的增大，试件的承载能力快速下降，柱中侧向变形增大并出现压屈破坏，进而失去承载能力。

在荷载压力不断增大的同时，纵向和横向应变的线性特征愈发显著；在负载压力仍不断加大的情况下，试件出现了严重的拉伸应变。

(2) 荷载-位移关系

根据试验数据得到各个试件的荷载-侧向位移关系曲线、荷载-轴向位移关系曲线，分别为图 3-74、图 3-75。

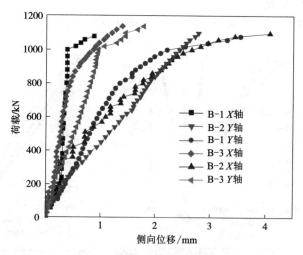

图 3-74　荷载-侧向位移关系曲线

由图 3-74 可得：在荷载初期，试件侧向产生了细小位移，导致此位移形成的原因有两个，一是物理偏心，二是初始缺陷；在荷载过程中，试件成为了压应力的主要承担者，柱中侧向未发生任何偏移变化。当荷载压力追加到极限荷载的 90% 时，柱中侧向发生了较为严重的位移，伴随着荷载压力的不断增大，位移距离也会相应增大。

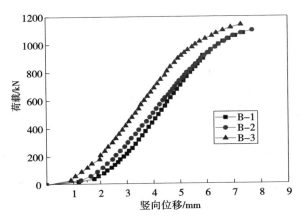

图 3-75 荷载-轴向位移关系曲线

由图 3-75 可知：①荷载初期出现了轴向位移，主要由于试件经过预加载后仍存在一些空隙，初始位移较大；②随着荷载的继续增加，轴向位移均匀增大；③加载到极限荷载的 85% 左右，轴向位移达到 5 mm 左右后，试件的关系曲线斜率均突然增大，主要是因为木材局部的褶皱使试件失去了承载能力。

(3) 承载能力分析

根据《木结构设计标准》(GB 50005—2017) 对相关试验组进行计算：

$$\varphi_1 = \frac{N_{\text{peak}}}{A f_u} \quad (3\text{-}44)$$

式中：φ_1 为本试验稳定系数值；N_{peak} 为试件的稳定承载力试验值；A 为试件受压面积，考虑外包竹皮的套箍效应，采用换算面积；f_u 为短柱试件抗压强度。

由式 3-44 可以得到三个试件试验的稳定系数值，计算结果见表 3-46。

查得樟子松锯材的强度等级为 TC13，计算稳定系数：

$$\begin{cases} \varphi_2 = \dfrac{\alpha_c \pi^2 \beta E_k}{\lambda^2 f_{ck}}, \ \lambda > \lambda_c \\[4mm] \varphi_2 = \dfrac{1}{1 + \dfrac{\lambda^2 f_{ck}}{b_c \pi^2 \beta E_k}}, \ \lambda \leqslant \lambda_c \end{cases} \quad (3\text{-}45)$$

式中：φ_2 为按《木结构设计标准》(GB 50005—2017) 计算的理论稳定系数值；λ 为试件换算长细比。

轴心受压构件按下式计算。稳定系数及轴心受压承载力计算结果见表 3-47。

$$N_0 = \varphi_2 f_u A \quad (3\text{-}46)$$

表 3-47　竹木组合空心圆柱试验结果

试件编号	N_{peak}/kN	f_u/MPa	φ_1	φ_2	Δ_1/%	N_0/kN	Δ_2/%
B-1	1180	24.32	1	0.977	2.4	1126.7	4.5
B-2	1196	24.65	1	0.977	2.4	1126.7	5.8
B-3	1095	22.57	1	0.977	2.4	1126.7	-2.9
平均值	1157	23.85	1	0.977	2.4	1126.7	+2.6

注：$\Delta_1 = \dfrac{\varphi_1 - \varphi_2}{\varphi_2} \times 100\%$；$\Delta_2 = \dfrac{N_{peak} - N_0}{N_{peak}} \times 100\%$。

对比分析可得：采用竹木组合空心圆柱后，组合木柱的承载力提高了 6.6%，相较于相同截面积的胶合空心圆木柱，竹木组合空心圆柱承载力有所提高，整体稳定性更加好，改善了受力性能。

3.6.3　胶合空心圆木柱与竹木组合空心圆木柱对比分析

根据实测数据，胶合空心圆木柱与竹木组合空心圆木柱的轴向位移延性系数见表 3-48。

表 3-48　两类空心圆木柱延性系数

名称	极限位移/mm	屈服位移/mm	延性系数
胶合空心圆木柱	9.20	6.22	1.48
竹木组合空心圆木柱	7.69	4.66	1.65

通过表 3-48 对比分析能够清晰直观地了解到，相较于胶合空心圆木柱，竹木组合空心圆木柱延性有所提升，延性系数提高幅度为 11.5%。

通过实验及理论分析整理，现将胶合空心圆木柱与竹木组合空心圆木柱的承载力、轴向位移及应力、应变特性分析比较如下。

胶合空心圆木柱与竹木组合空心圆木柱承载力比较分析见表 3-49。

表 3-49　两类空心圆木柱承载力比较

名称	N_{peak}/kN	f_u/MPa	φ_1	φ_2	Δ_1/%	N_0/kN	Δ_2/%
胶合空心圆木柱	1014.5	23.24	0.90	0.97	−7.5	1094	−7.3
竹木组合空心圆柱	1157	23.85	1	0.977	6.4	1126.7	+2.6

注：表中数据为两类空心圆木柱的平均值，$\Delta_1 = \dfrac{\varphi_1 - \varphi_2}{\varphi_2} \times 100\%$；$\Delta_2 = \dfrac{N_{peak} - N_0}{N_{peak}} \times 100\%$。

　　胶合空心圆木柱与竹木组合空心圆木柱轴向位移及应力、应变特性比较分析见表 3-50。

表 3-50　两类空心圆木柱轴向位移及应力、应变特性比较

名称	轴向位移 f/mm	极限应力 σ/MPa	极限应变 ε_{peak}
胶合空心圆木柱	9.20	20.66	−2286.8
竹木组合空心圆木柱	7.69	23.85	−2850.6

　　通过表 3-49~表 3-50 可得，相比于胶合空心圆木柱，竹木组合空心圆木柱轴心受压承载力 N_0 提高了 6.99%，极限承载力 N_{peak} 提高了 14.05%；相比于胶合空心圆木柱，竹木组合空心圆木柱轴向位移 f 减小了 16.41%，极限应力提高了 15.44%，极限应变提高了 24.87%，说明外缠竹皮发挥了作用，套箍效应明显。

　　通过上述对比分析，再次表明，相比于胶合空心圆木柱，竹木组合空心圆木柱能够明显提高承载力，减少变形，充分发挥高强竹木组合结构的优势。

第4章
竹木组合构件理论分析

4.1 竹木组合梁有限元分析

>>>

4.1.1 竹木组合梁有限元模型建立

1)建立几何模型

采用 ANSYS 有限元分析软件分别建立木梁、竹片、木方等实体部件,结合各部件相对位置进行平移和旋转,由此形成与试验梁完全一致的模型试件。因为木节分布不均匀,所以实体部件的尺寸可以任意选择,为保证模拟结果的可靠性与精准性,需对模型进行简化处理,忽略缺陷影响。有限元模型见图4-1。

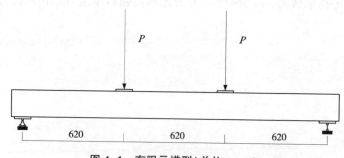

图 4-1 有限元模型(单位: mm)

2) 定义材料特性

竹木组合材料为各向异性弹塑性材料，在模拟分析之前，需对材料的屈服准则、流动准则及强化准则进行定义。具体定义如下：

(1) 屈服准则：广义 HILL 屈服准则

广义 HILL 屈服准则是对 HILL 屈服准则的进一步延伸，不仅可以考虑材料在三个正交方向屈服强度的不同，还可以考虑在拉伸状态和压缩状态下的屈服强度的不同。

广义 HILL 屈服准则的等效应力见式(4-1)。

$$\sigma_e = (\frac{1}{3}\{\boldsymbol{\sigma}\}^{\mathrm{T}}\{\boldsymbol{M}\}\{\boldsymbol{\sigma}\} - \frac{1}{3}\{\boldsymbol{\sigma}\}^{\mathrm{T}}\{\boldsymbol{L}\})^{0.5} \tag{4-1}$$

式中：$\boldsymbol{M} = \begin{bmatrix} M_{11} & M_{12} & M_{13} & & & \\ M_{12} & M_{22} & M_{23} & & 0 & \\ M_{13} & M_{23} & M_{33} & & & \\ & & & M_{44} & 0 & 0 \\ & 0 & & 0 & M_{55} & 0 \\ & & & 0 & 0 & M_{66} \end{bmatrix}$；$\boldsymbol{L} = \begin{bmatrix} L_1 & L_2 & L_3 & 0 & 0 & 0 \end{bmatrix}^{\mathrm{T}}$

$M_{jj} = \dfrac{K}{\sigma_{+j}\sigma_{-j}}$，$j = 1 \sim 6$；$M_{12} = -\dfrac{1}{2}(M_{11} + M_{22} - M_{33})$；$M_{13} = -\dfrac{1}{2}(M_{11} - M_{22} + M_{33})$；$M_{23} = -\dfrac{1}{2}(-M_{11} + M_{22} + M_{33})$；$L_j = M_{jj}(\sigma_{+j} - \sigma_{-j})$，$j = 1 \sim 3$；$\sigma_{+j}$、$\sigma_{-j}$ 分别为 j 方向的拉伸屈服强度、压缩屈服强度，压缩屈服应力被作为正值处理。

(2) 流动准则：流动准则是表示材料达到屈服后，塑性变形增量的方向，即塑性变形增量各分量之间按什么比例变化的一种比例关系，由 $\{d\varepsilon^{pl}\} = \lambda\{\dfrac{\partial Q}{\partial\sigma}\}$ 确定其中：λ 为塑性乘子，决定了塑性应变量；Q 为塑性势，是应力的函数，决定了塑性应变的方向。

一般来说，流动方程是由塑性应变在垂直于屈服面的方向发展的屈服准则中推导出来的，即 Q 等于屈服函数，这种流动准则叫作关联流动准则。

(3) 强化准则：强化准则描述了初始屈服准则随着塑性应变增加的发展规律。

一般来说，屈服面的变化是以前应变历史的函数，在 ANSYS 程序中，采用了三种强化准则，即等向强化、随动强化和混合强化。结合竹木材料的力学性能试验数据，本次分析采用随动强化准则，即屈服面的大小保持不变仅在屈服的方向上移动，当某个方向的屈服应力升高时，其相反方向的屈服应力降低，见图 4-2。

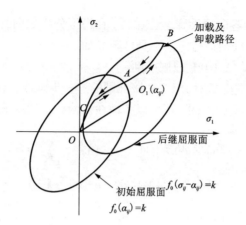

图 4-2　随动强化时的屈服面变化图

木材各项参数值选取情况详见表 4-1。

表 4-1　木材材料属性

E_L/MPa	E_R/MPa	E_T/MPa	μ_{RT}	μ_{LR}	μ_{LT}	G_{LT}/MPa	G_{LR}/MPa	G_{RT}/MPa
11092.357	1109.24	554.62	0.37	0.022	0.37	493	616	148

注：表中 E、μ、G 分别表示弹性模量、泊松比及剪切模量；L、R、T 分别表示顺纹方向、横纹径向及横纹切向。

结合材料试验结果，木材顺纹抗压强度标准值为 30.68 MPa，本构关系采用双线性应力-应变曲线。

受弯构件的破坏可以其屈服强度为临界点。试验竹材处于受拉侧，为了分析的便利，假定其为线弹性、各向同性模型。结合材料试验结果，竹材弹性模量取值 11759.39 MPa，泊松比取值 0.36。忽略钢垫板变形的影响。

3）定义相互作用

通过绑定的方式来加固木梁与竹片、钢垫板，在梁的两个加载点上方设立参考点，参考点与构件之间存在较为明显的耦合约束关系。因为木方间不可避免存在相对滑移，导致其承载性能大幅下降。为了客观、真实地反映此情况，构件应用了接触属性，命名为摩擦。

4）施加荷载和边界条件

采用三分点加载，施加沿 Z 轴向下的集中力从而直观模拟、客观反映支座约束。其中，一端支座在 X、Y、Z 轴的自由度受到约束，另一端支座在 X、Y、Z 轴的自由度受到约束。其中，X 轴表示梁轴向，Y 轴表示与梁轴与梁高相垂直的方向，Z 轴表示竖直方向。

5）划分单元网格

ANSYS 软件的适用范围比较广，原因在于它涵盖了各种类别的单元。在本课题中，木材和竹材采用二十节点二次六面体单元，钢垫板采用八节点六面体单元，尽管完全积分精度有所下降，但合理控制了计算时间，从而提高了计算水平。不仅如此，即便网格扭曲变形，软件的分析精度仍能保持较高水平，关键是避免了沙漏问题。为了从源头上达到高精度要求，网格划分规格为 20 mm，接触面周围加密为 10 mm。

4.1.2　结果与分析

1）应力分布情况

利用专业的、可靠的 ANSYS 软件分析生成了相对应的应力云图，见图 4-3。通过分析发现，四类构件在钢垫板处均形成了很大应力，究其原因在于钢材弹性模量为木材弹性模量的 20 倍，在加载期间就会形成一个刚性体，这与试验梁加载区域发生的压缩变形现象是完全对应的。

相较于原木梁，组合梁的底拉应力迅速增大，受压区应力也相应增大，究其原因在于竹集成材具有良好的抗拉强度，也就从整体上强化了构件抗拉能力，承载水平也实现了大幅提高，进而能抵达屈服极限，使梁顶部发生明显塑性变形。融合竹集成材后，可大大强化构件刚度，也就能承受更多作用力。

相较于原木梁，直拼梁的底拉应力骤然降低，原因在于剪弯段接缝位置形成了大量应力，无法将木材强度全面发挥，而且短实木方接触面发生滑移的几率非常高，截面压应力范围大幅减小，中和轴明显上移，构件被提早破坏，所以不能承受更多外力。

相较于原木梁，搭接梁的应力集中分布在中和轴处接缝处，其原因在于短实木方接触面互相挤压。梁底部拉应力显著增大，截面压应力范围扩大，底层的承载水平大幅提高，也就能更好地发挥抵抗外荷载的优势，所以木材强度能全面、高效发挥，梁底破坏就不会提前，承载水平是直拼梁不可比拟的，说明这种连接方式可达到预期效果。

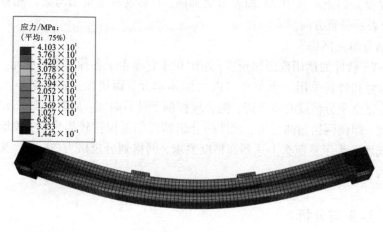

（a）原木梁应力云图

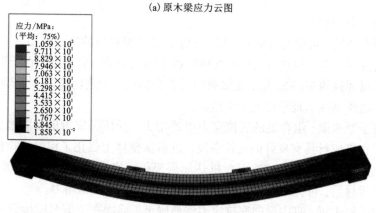

（b）竹-原木组合梁应力云图

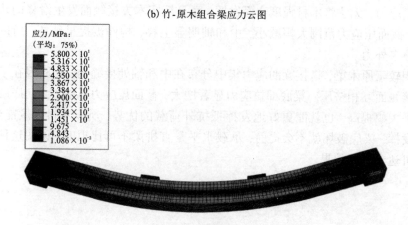

（c）竹-短实木胶合直拼梁应力云图

(d) 竹-短实木胶合搭接梁应力云图

图 4-3　四种构件应力云图

2) 荷载-挠度曲线

通过试验结果分析发现，各个试件的破坏荷载都在 55 kN 以下。采用 ANSYS 软件进行模拟，确定极限荷载和挠度，具体计算结果详见表 4-2。

表 4-2　ANSYS 有限元分析软件计算结果

类别	试验结果		ANSYS 理论计算	
	极限荷载 P_u/kN	跨中挠度 f/mm	极限荷载 P_u/kN	跨中挠度 f/mm
原木梁	36.0	36.7	38.86	33.58
竹-原木组合梁	49.5	42.1	53.38	44.31
竹-短实木胶合直拼梁	27.0	28.6	30.15	25.75
竹-短实木胶合搭接梁	36.0	45.1	42.30	51.44

利用 ANSYS 有限分析软件模拟可分别确定出四种构件的荷载-挠度曲线，并与试验值进行比较，具体见图 4-4。

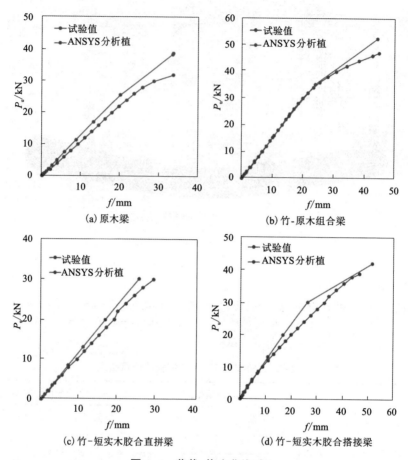

图 4-4　荷载–挠度曲线对比

通过表 4-2、图 4-4 数据分析可得，各构件在弹性阶段的理论值与实测值吻合较好，相较于原木梁，竹–短实木胶合直拼梁极限承载能力较低，竹–短实木胶合搭接梁极限承载能力较高，这与前文结论一致。

相比试验结果，原木梁、竹–原木组合梁、竹–短实木胶合直拼梁和竹–短实木胶合搭接梁的极限荷载（ANSYS 模拟）分别提高了约 7.9%、7.8%、11.7% 和 17.5%；跨中挠度变化幅度分别为 −8.5%、5.2%、−10.0% 和 14.1%。综合来看，ANSYS 有限元分析软件计算的极限荷载和刚度都比试验值大，究其原因在于试验梁存在自然缺陷。考虑到计算精度等因素的影响，软件模拟无法模拟这些客观因素带来的不良影响。

4.2　竹木组合板有限元分析 >>>

在竹木组合板试验研究的基础上，利用 ANSYS 有限元分析软件进行分析。

木材为各向异性材料，分析时可以简化为正交各向异性材料，具体计算假定及参数设置详见 4.1 节。

竹木组合板有限元分析模型采用 8 节点的 SOLID 64 单元模拟木柱，采用 SHELL 63 单元模拟外部粘贴竹板，两者之间采用接触单元模拟。在划分网格时，沿板厚度方向划分 3 个网格，宽度方向划分 60 个网格，长度方向划分 200 个网格。板跨中间施加均布线荷载，边界条件类型为位移/转角，两端按简支边界条件处理，即板一端限制 X、Y、Z 方向位移、另一端限制 Y、Z 方向位移。

整体来说，竹木组合板在弹性阶段理论值与试验值吻合程度较高，有限元分析模拟值小于试验值，原因在于没有考虑材料本身缺陷。

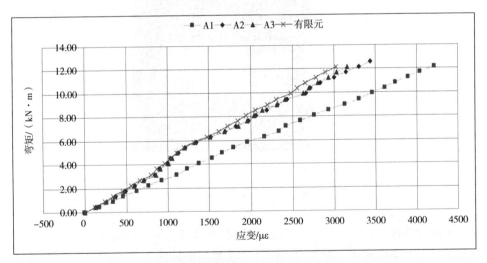

图 4-5　试验值与有限元结果对比

如图 4-5 所示，沿跨度方向竹木组合板纵向应变分布均匀，其中由于两端附近应力集中，应变比柱中稍大。竹木组合板跨中底部顺纹方向压应变为 3.0×10^{-3}，横纹方向为 1.2×10^{-3}；竹片纵向拉应变为 1.8×10^{-3}。有限元计算结果表明外包竹片能够显著提升木板的抗弯承载能力，相比原木板试验结果，竹木组合板抗弯承载能力提高幅度偏小，挠度偏大。

将数值分析结果与竹木组合板试验结果进行对比，结果存在一定的误差，主要由于木板粘贴工艺、材料等的影响。从分析结果可知，竹木组合板沿跨度方向的应力分布均匀，顺纹方向应力大于横纹方向，见图4-6。

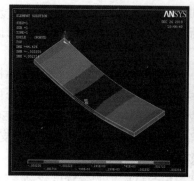 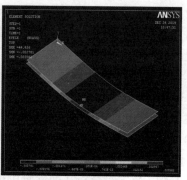

(a) 木板纵向应力云图　　　　　(b) 竹皮纵向应力云图

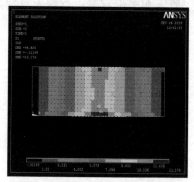

(c) 竹-木组合板第一主应力云图（板底）

图4-6　竹木组合板应力云图

采用双线性应力-应变曲线，考虑到材料非线性，各级荷载作用下，荷载-挠度理论值与实测值对比见图4-7，有限元模型挠度见图4-8。在12.60 kN/m等效弯矩荷载(试验荷载平均值)作用下，板跨中部最大挠度为53.720 mm，与理论值44.626 mm相比，相对误差为20.38%，相比试验结果有一定误差，分析原因是受木板粘贴工艺、材料等的影响。

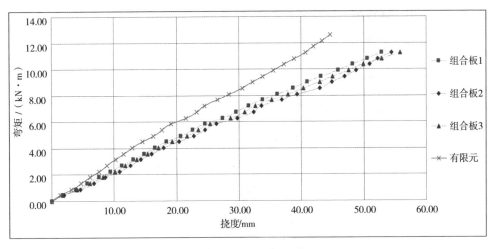

图 4-7 荷载-挠度理论值与实测值对比图

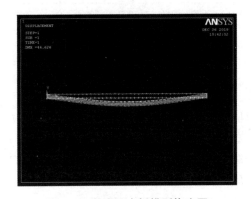

图 4-8 竹木组合板模型挠度图

4.3 胶合空心圆木柱有限元分析

木材为各向异性材料，分析时可以被简化为正交各向异性材料，具体计算假定及参数详见 4.1 节。

有限元模型采用 8 节点的 SOLID 64 单元，在划分网格时，沿木柱高度方向划分 100 个网格，环形截面划分 80 个网格。柱顶施加均布面荷载，边界条件类型为位移/转角，柱顶限制 X、Y 方向位移、柱底限制了 X、Y、Z 方向位移，两端均不约束转角的边界条件。通过分析获得胶合空心圆木柱轴心受压柱中纵向、横向应力-应变关系曲线，并与试验结果进行对比，结果见图 4-9。

整体来说，理论值与试验值高度吻合，有限元模拟值小于试验值，原因在于没有考虑材料本身缺陷。

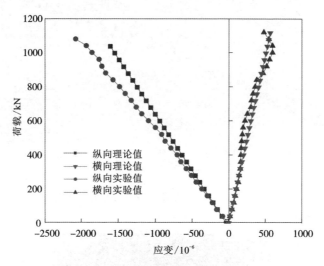

图 4-9　试验值与有限元结果对比

如图 4-10 所示，沿柱高方向木柱顺纹和横纹应变分布合理，因为两端周围存在很大应力，所以应变比也相对较大。顺纹方向压应变为 1.9×10^{-3}，横纹方向压应变为 8.6×10^{-4}，将计算结果与试验结果进行对比分析，结果显示两者高度一致。由此可见，木柱纵向每个侧面的应力分布均匀，顺纹方向应力大于横纹方向，柱顶面和底面的应力分布基本相同。

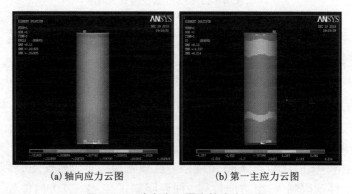

(a) 轴向应力云图　　　　　　(b) 第一主应力云图

图 4-10　胶合空心圆木柱应力云图

采用双线性应力-应变曲线,考虑到材料非线性,在各级荷载作用下,荷载-轴向位移理论值与实测值对比见图 4-11,轴向位移见图 4-12。在 1014.5 kN 轴向荷载(试验荷载平均值)作用下,柱顶最大轴向位移为 9.130 mm,与理论值 9.539 mm 相比,相对于误差为 4.47%,相比试验结果吻合较好。

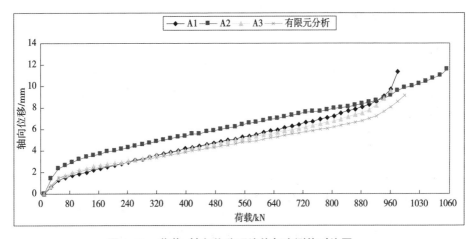

图 4-11　荷载-轴向位移理论值与实测值对比图

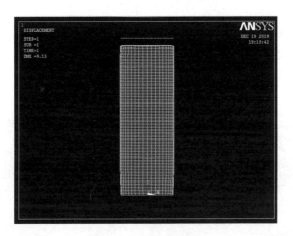

图 4-12　轴向位移图

4.4　竹木组合构件理论分析

>>>

4.4.1　滑移理论分析

1) 基本假定

竹木组合梁的静力加载试验结果表明, 加载初期, 竹木组合梁下缘竹-木协同变形, 不产生滑移; 随着变形发展, 竹木组合梁下缘的竹-木界面产生滑移, 直至被破坏。破坏之前将产生较大变形, 并呈现出一定的塑性发展特征。

根据以上分析, 基于现有研究成果, 提出了以下假设:

①木梁与竹片全部为弹性体。

②竹-木界面剪力-滑移关系满足 $Q=ks$, k 指的是滑移刚度, 通过指定公式完成计算与取值。受压区和受拉区界面的刚度 k 是完全一致的, 其计算公式为 $Q=ks$(受拉区)。

③下翼缘竹片和木梁截面都与平截面假定相符, 而且两者的曲率也一致。

④忽略竹-木界面滑移行为带来的各种不利影响, 以此为依据进行全面分析。

⑤不考虑剪切变形及界面掀起力带来的相关影响。

2) 微分方程的建立

竹木组合梁中任意选取一微单元体, 并通过分解处理为 2 个隔离体, 一个是木梁, 另一个是下翼缘竹片, 然后进行编号处理 (见图 4-13)。通过受力分析导出以下平衡方程:

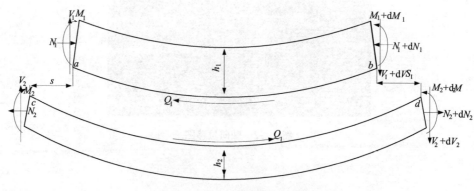

图 4-13　竹木组合梁受力分析图

$$\mathrm{d}M_1 - V_1\mathrm{d}x - \frac{1}{2}Q_1h_1\mathrm{d}x = 0 \qquad (4\text{-}2a)$$

$$\mathrm{d}M_2 - V_2\mathrm{d}x - \frac{1}{2}Q_1h_2\mathrm{d}x = 0 \qquad (4\text{-}2b)$$

式中：M_1、M_2 分别为隔离体 1、2 所受的弯矩；V_1、V_2 分别为隔离体 1、2 所受的剪力；h_1、h_2 分别为隔离 1、2 的高度。Q_1 为受拉区界面剪力。

由微分方程式(4-2)可得：

$$\frac{\mathrm{d}M_1}{\mathrm{d}x} - (V_1 + V_2) - \frac{1}{2}Q_1(h_1 + h_2) = 0 \qquad (4\text{-}3)$$

令 $V_1 + V_2 = V$，$Z_1 = (h_1 + h_2)/2$

$$\frac{\mathrm{d}M_1}{\mathrm{d}x} - V - Q_1Z_1 = 0 \qquad (4\text{-}4)$$

根据初等梁理论，

$$\phi = -\frac{\mathrm{d}^2y}{\mathrm{d}x^2} = \frac{M_1}{E_1I_1} = \frac{M_2}{E_2I_2} \qquad (4\text{-}5)$$

式中：ϕ 为曲率；E_i 为弹性模量；I_j 为截面惯性矩；y 为与中性轴的间隔距离。

由式(4-4)、式(4-5)可直接推导出：

$$EI = \frac{\mathrm{d}\phi}{\mathrm{d}x} - V - Q_1Z_1 = 0 \qquad (4\text{-}6)$$

式中：$EI = E_1I_1 + E_2I_2$。

滑移是较为常见的一种现象，根源在于两侧物体变形不同，由此形成的差值即为所谓的滑移量。实际上，可利用下式来反映界面滑移与应变差间的关系：

$$\frac{\mathrm{d}s}{\mathrm{d}x} = \varepsilon_{ab} - \varepsilon_{cb} \qquad (4\text{-}7)$$

结合假定③，并对轴向力与隔离体变形之间的关系影响进行深入分析，可得：

$$\frac{\mathrm{d}s}{\mathrm{d}x} = \phi Z_1 - \left(\frac{N_1}{E_1A_1} + \frac{N_2}{E_2A_2} \right) \qquad (4\text{-}8)$$

式中：N_1、N_2 分别为 1、2 这两个隔离体各自形成的轴力；s 表示界面滑移量；A_1、A_2 分别为 1、2 这两个隔离体各自形成的横截面面积。

对式(4-8)进行微分，考虑单独隔离体的平衡方程 $\dfrac{\mathrm{d}N_1}{\mathrm{d}x} = \dfrac{\mathrm{d}N_2}{\mathrm{d}x} = -Q_1$，可得：

$$\frac{\mathrm{d}^2s}{\mathrm{d}x^2} - \left(\frac{1}{E_1A_1} + \frac{1}{E_2A_2} + \frac{Z_1^2}{EI} \right)ks = \frac{V}{EI}Z_1 \qquad (4\text{-}9)$$

令 $\alpha^2 = \left(\dfrac{1}{E_1A_1} + \dfrac{1}{E_2A_2} + \dfrac{Z_1^2}{EI}\right)k$，$\beta = \dfrac{Z_1}{\left(\dfrac{EI}{E_1A_1} + \dfrac{EI}{E_2A_2} + \dfrac{Z_1^2}{EI}\right)k}$，可得：

$$\frac{\mathrm{d}^2 s}{\mathrm{d}x^2} - \alpha^2 s = \alpha^2 \beta V \tag{4-10}$$

假定剪力 V 满足 $\dfrac{\mathrm{d}^2 V}{\mathrm{d}x^2} = 0$（常见的满足此条件的荷载作用情况：均布荷载或集中荷载），式（4-10）的通解为：

$$s = c_1 e^{\alpha x} + c_2 e^{-\alpha x} - \beta V \tag{4-11}$$

式中：c_1、c_2 为任意常数。

导入相匹配的边界条件 $s = 0$（$x = 0$）和 $\mathrm{d}s/\mathrm{d}x = 0$（$x = L/2$），便可确定出不同载荷工况下的滑移量理论解。

（1）均布荷载 q 作用

$$s = \left(\frac{\beta}{1+e^{\alpha L}}e^{\alpha x} + \frac{\beta e^{\alpha L}}{1+e^{\alpha L}}e^{-\alpha x} - \beta\right)\left(\frac{qL}{2} - qx\right) \tag{4-12}$$

（2）集中荷载 P 作用

$$s = \left(\frac{\beta}{1+e^{\alpha L}}0^{\alpha x} + \frac{\beta e^{\alpha L}}{1+e^{\alpha L}}e^{-\alpha x} - \beta\right)\frac{P}{2} \tag{4-13}$$

（3）三分点集中荷载 $P/2$ 作用

剪弯段

$$s_1 = \left(\frac{\beta}{1+e^{\alpha L}}e^{\alpha x} + \frac{\beta e^{\alpha L}}{1+e^{\alpha L}}e^{-\alpha x} - \beta\right)\frac{P}{2} \tag{4-14}$$

纯弯段

$$s_2 = A e^{\alpha x} + B e^{-\alpha x} \tag{4-15}$$

式中：$A = \dfrac{\beta e^{\frac{\alpha L}{3}} + \beta e^{\frac{2\alpha L}{3}} - \beta(1+e^{\alpha L})}{(e^{\frac{\alpha L}{3}} + e^{\frac{2\alpha L}{3}})(1+e^{\alpha L})}\dfrac{P}{2}$；$B = A e^{\alpha L}$

根据 $\Delta\varepsilon\dfrac{\mathrm{d}s}{\mathrm{d}x}$，由式（4-12）~式（4-15）确定出相对应的界面应变差解答式，具体表达式略。

不考虑滑移效应时，竹木组合梁的挠度可按结构力学的方法进行计算，例如简支梁在均布荷载作用下，跨中的挠度为 $y = \dfrac{5qL^4}{384E_t I_{sb}}$。式中：$E_t$ 为木梁的弹性模量；I_{sb} 为将竹片转换成木梁的截面惯性矩。

考虑滑移效应后的截面应变分布如图 4-14 中的斜实线所示，根据假定，该 2 段斜实线互相平行。由于竹木组合梁组合前后，形心轴发生偏移，根据截面内

力平衡条件，可得 $h' = \dfrac{h_1^2 + (2h_1 h_2 + h_2^2)\dfrac{E_b}{E_t}}{2h_1 + 2h_2 \dfrac{E_b}{E_t}}$。

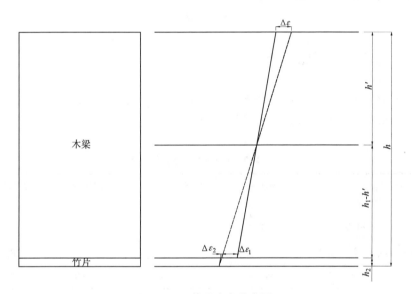

图 4-14　截面应变分布图

据此，界面相对滑移引起的附加曲率为：$\Delta\phi = \dfrac{\Delta\varepsilon_1}{h_1 - h'} = \dfrac{\Delta\varepsilon_2}{h_2}$。

根据试验结果，竹-木顺纹弹性模量比为 1.5385，代入上式，形心轴下移 3.774 mm，偏移量很小。为了简化分析，假定竹木组合梁组合前后形心轴不变，即

$$\Delta\phi = \frac{\Delta\varepsilon_1}{h_1/2} = \frac{\Delta\varepsilon_2}{h_2} \tag{4-16}$$

而 $\Delta\varepsilon = \Delta\varepsilon_1 + \Delta\varepsilon_2 = \Delta\phi\left(\dfrac{h_1}{2} + h_2\right)$，根据虚功原理，附加曲率产生的附加挠度为：

$$\Delta f = \int M\Delta\phi\,\mathrm{d}x = \int M\frac{\Delta\varepsilon}{h_1/2 + h_2}\mathrm{d}x \tag{4-17}$$

对式(4-17)进行积分，可得由竹-木界面滑移引起的跨中附加挠度。表达式

较长,限于篇幅,仅列出三分点集中荷载 $P/2$ 作用下的竹-木界面滑移引起的跨中附加挠度表达式,即:

$$\Delta f=\frac{P\beta}{\alpha(1+e^{\alpha L})(h_1/2+h_2)}\left[\left(\frac{\alpha L}{3}-1\right)e^{\alpha L/3}+\left(\frac{\alpha L}{3}+1\right)e^{2\alpha L/3}+e^{\alpha L}\right]+$$

$$\frac{PL}{3}\left[A(e^{\alpha L/2}-e^{\alpha L/3})+B(e^{-\alpha L/2}-e^{-\alpha L/3})\right] \qquad (4-18)$$

将上述两部分挠度相加,即为竹-木构件考虑滑移效应的挠度,计算式为:

$$f=y+\Delta f \qquad (4-19)$$

4.4.2 滑移理论对比分析

根据滑移理论,暂以 ANSYS 模拟的极限荷载为标准,根据式(4-19),各个竹木组合梁挠度的对比分析结果详见表4-3。

表4-3 理论分析计算结果

类型	极限荷载 /kN	ANSYS 挠度 /mm	滑移理论挠度 /mm	实验挠度 /mm
竹-原木组合梁	53.38	44.31	44.08	42.10
竹-短实木胶合直拼梁	30.15	25.75	25.37	28.60
竹-短实木胶合搭接梁	42.30	51.44	51.19	45.10

由表4-3可得,以 ANSYS 模拟的极限荷载为标准,滑移理论计算所得挠度与 ANSYS 分析挠度相比,竹-短实木胶合直拼梁两者挠度差别最大,挠度差比为 1.5%;滑移理论计算所得挠度与试验挠度相比,竹-短实木胶合直拼梁两者挠度差别最大,挠度差比为 12.7%。

根据滑移理论,暂以 ANSYS 模拟的极限荷载为标准,竹木组合板构件挠度的对比分析结果见表4-4。

表4-4 理论分析计算结果

类型	极限荷载 /kN	ANSYS 挠度 /mm	滑移理论挠度 /mm	实验挠度 /mm
原木板	12.60	47.574	—	
竹木组合板	12.60	44.626	44.43	53.72

由表 4-4 可得，以 ANSYS 模拟的极限荷载为标准，滑移理论计算所得挠度与 ANSYS 分析挠度相比，两者挠度差别约为 0.44%。滑移理论计算所得挠度与试验挠度相比，两者挠度差别约为 20.9%，其原因与竹木界面的黏结性能有关。

4.5　竹木组合空心圆木柱有限元分析 >>>

在竹木组合空心圆木柱轴心受压试验研究的基础上，利用 ANSYS 有限元软件进行分析，木材为各向异性材料，具体取值见 4.1 节。竹材为正交异性材料，顺纹抗拉弹性模量取为 11759.39 MPa。

有限元模型采用 8 节点的 SOLID 64 单元模拟木柱，采用 SHELL 63 单元模拟外部缠绕竹皮，两者之间采用接触单元模拟。在划分网格时，沿木柱高度方向划分为 100 个网格，环形截面划分为 120 个网格。柱顶施加均布面荷载，边界条件类型为位移/转角，柱顶限制 X、Y 方向位移、柱底限制了 X、Y、Z 方向位移，两端均不约束转角的边界条件。通过分析获得竹木组合空心圆木柱轴心受压柱中纵向、横向应力-应变关系曲线，并与试验结果进行对比，结果见图 4-15。由于理论值与试验值高度一致，说明材料具有非常好的性能，与广义胡克定律的要求相符。整体来说，有限元模拟结果小于试验结果，这是由于有限元分析是一种理想分析，没有考虑材料本身缺陷。

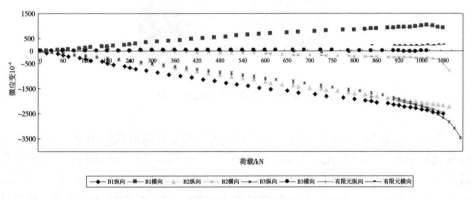

图 4-15　试验值与有限元模拟结果对比

如图 4-16 所示，沿柱高方向木柱顺、横纹应变分布合理，因为两端周围存在很大应力，所以应变比也相对较大。顺纹方向压应变为 2.4×10^{-3}，横纹方向为 9.1×10^{-4}；竹片纵向拉应变为 1.3×10^{-3}。相比于胶合空心圆木柱试验结果，外包竹皮能够显著提升木柱的轴向承载能力。

　　将数值分析结果与竹木组合圆木柱试验结果进行对比,结果比较吻合。从分析结果可知,木柱纵向每个侧面的应力分布均匀,顺纹应力大于横纹方向,柱顶面和底面的应力分布基本相同。

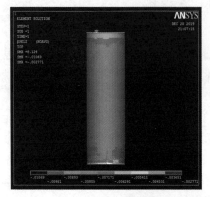

(a) 木柱轴向应力云图　　　　　　　　　　(b) 竹皮轴向应力云图

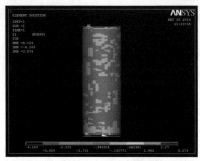

(c) 木柱第一主应力云图

图 4-16　竹木组合柱应力云图

　　采用双线性应力-应变曲线。考虑材料非线性,各级荷载作用下,荷载-轴向位移理论值与实测值对比见图 4-17,轴向位移见图 4-18。在 1014.5 kN 轴向荷载(试验荷载平均值)作用下,柱顶最大轴向位移 8.39 mm,与理论值 8.124 mm相比,相对误差为 3.27%,与试验结果吻合较好。对比分析组合圆木柱,外包竹片能够显著提升木柱的轴向承载能力。

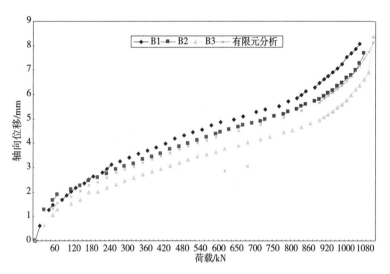

图 4-17 荷载-轴向位移理论值与实测值对比图

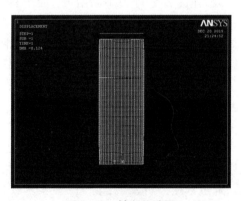

图 4-18 轴向位移图

4.6 竹木组合构件力学性能对比分析

　　本书通过樟子松和楠竹制作了竹木组合构件(四组梁构件、两组板构件、两组柱构件),并对其制作的关键技术、工作机理和力学性能展开深入的研究。现就各项特性汇总叙述如下。

165

竹木组合梁的力学特性汇总见表 4-5。

表 4-5　竹木组合梁力学特性一览表

构件名称	极限荷载 P_u/kN	跨中挠度 f/mm	抗弯刚度 $EI/(10^9\,N\cdot mm^2)$	梁底极限应变 ε
原木梁	36.0	36.7	129.4	3902.0(木)
竹-原木组合梁	49.5	42.1	187.0	6223.4(竹)
竹-短实木胶合直拼梁	27.0	28.6	114.6	4050.0(竹)
竹-短实木胶合搭接梁	36.0	45.1	112.1	9123.9(竹)

注：表中数据均为第 3 章表列各组试件(跨中受拉区无明显木节)的平均值。

各组试件的截面尺寸为 90 mm×135 mm(原木梁)和 90 mm×140 mm(竹-原木梁组合梁、竹-短实木胶合直拼梁、竹-短实木胶合搭接梁)。

　　根据表 4-5 所列数据，结合第 3 章内容，综述如下：在加载初始期，竹-原木组合梁的荷载-挠度曲线呈现线性特征，斜率(刚度)基本一致；随着荷载增加、曲线斜率逐渐增大直至最大值；随着外力不断增大，曲线斜率逐渐减小，试件进入弹塑性阶段，而挠度也因外力强力作用而快速增大，相较于原木梁试件，竹-原木组合梁的斜率一直处于高水平，意味着竹集成材具有强化刚度的效果。加载初始期，竹-短实木胶合直拼梁和竹-短实木胶合搭接梁均表现出明显的线性特征；在荷载持续增大的情况下，曲线斜率随之减小；当趋向于极限荷载时，荷载-挠度曲线都未出现水平段，也没有进入塑性屈服期，即已被破坏。

　　各组试件的荷载-应变曲线均表现出显著的线性增长之势，趋向破坏时也都发生了明显偏移，表现出非线性特征。原木梁应变分布相对较为均匀、合理，而有竹片的试件拉应变则快速增大。当试件发生实质性破坏时，各试件的底层拉应变均发生了显著变化。通过数据分析发现，除竹-短实木胶合直拼梁以外，其他试件均趋向于原木梁试件，拉应变值均快速增大，受拉区和受压区的面积也随之扩大，说明抗拉强度发挥到了极致。原木梁、竹-原木组合梁两组试件即将被破坏时，受压区应变骤然下降，其原因在于试件处于塑性阶段，受压侧生成大量褶皱，致使原本应提高的应变却骤然下降。竹-短实木胶合直拼梁和竹-短实木胶合搭接梁两组试件应变在被破坏瞬时发生突变。

　　原木梁、竹-原木组合梁、竹-短实木胶合直拼梁和竹-短实木胶合搭接梁四组试件的跨中截面应变均满足平截面假定。其中，竹-原木组合梁试件的中和轴出现了较为显著的下移之势，同时受压区面积进一步扩大，意味着试件的整体承载能力得到了有效改善。而在荷载达到一定水平后，受压区边缘压应变有所下降，其原因是试件进入了弹塑性时期，受压区产生大量褶皱，这与之前发生的裂缝形变现象相对应。竹-短实木胶合直拼梁试件的受压区和受拉区均缩小了范围，也就意味着试件还没有达到塑性期就已发生破坏。竹-短实木胶合搭接梁试件的中性轴出现了较为明显的下移，这是由于竹集成材是拉应力的主要供应者，因此在载荷达到极限水平时，接缝位置会发生松动，致使拉应变骤然下降。

针对不存在明显木节的试件，相较于原木梁试件，竹-原木组合梁、竹-短实木胶合直拼梁和竹-短实木胶合搭接梁的极限荷载提升或降低幅度分别为37.5%、-25%及0，极限应变的增加幅度分别为59.5%，3.8%及133.8%。

针对不存在明显木节的试件，相较于原木梁试件，竹-短实木胶合直拼梁的抗弯刚度和跨中挠度也出现了不同程度的下降，变化幅度分别为-22.07%、-11.44%；竹-短实木胶合搭接梁的抗弯刚度大幅降低，跨中挠度大幅提升，变化幅度分别为22.89%、-13.37%。相较于原木梁试件，竹-原木组合梁的跨中挠度有所提升，抗弯刚度大幅提升，变化幅度分别为14.71%、44.51%。极限应变数据表明，竹木组合梁在接近破坏时，竹片承担拉力，直至被破坏。

相较于原木梁试件，竹-短实木胶合直拼梁的抗弯曲性能有所下降，其刚度和跨中挠度也出现了不同程度的下降；竹-短实木胶合搭接梁的整体抗弯曲性能未发生变化，跨中挠度实现了大幅提升，但刚度却骤然降低。竹-原木组合梁的各项性能指标均得到大幅改善，而竹-短实木胶合搭接梁也表现出良好的性能优势，与木梁不分伯仲，应用于小跨度木框架中可达到合理控制成本的目的。

竹木组合板的力学特性汇总见表4-6。

表 4-6　竹木组合板力学特性一览表

板类型	极限荷载 $P_u/(\text{kN} \cdot \text{m}^{-1})$	跨中挠度 f/mm	抗弯刚度 $EI/(10^9 \text{ N} \cdot \text{mm}^2)$	极限应变 ε
原木板	12.6	58.38	71.51	2713.2(木)
竹木组合板	13.5	53.72	74.89	3163.4(竹)

注：表中数据均为第 4 章表列各组试件的平均值。

各组试件的截面尺寸为 2000 mm×600 mm×60 mm（原木板）和 2000 mm×600 mm×60 mm（竹木组合板）。

根据表4-6所列数据，结合第4章内容，综述如下：在整个试验加载阶段，荷载-挠度呈线性变化，开始阶段处于弹性变形阶段；随着荷载的增大，当荷载接近或达到极限破坏荷载时，原木板和竹木组合板试件曲线斜率均发生一定程度的减小, 荷载与挠度呈非线性增长, 进入弹塑性变形阶段。

在荷载作用下, 竹木组合板相比于同尺寸的原木板弹性阶段荷载基本相同, 竹木组合板的跨中挠度比原木板挠度小 10% 左右。当进入塑性变形后, 木板斜率变化略小于竹木组合板, 竹木组合板的破坏荷载相比于原木板大 0%~10%, 平均提高 5.1%; 破坏挠度相比于原木板减小 1.1%~9.3%, 平均减小 5.7%。试验表明, 竹木组合板能够有效提高木结构的承载能力。

竹木组合板跨中的极限挠度为 53.72 mm (三组试件的平均值), 原木板跨中的极限挠度为 58.38 mm, 相比原木板跨中挠度提高 7.98%。

竹木组合板及原木板在板跨各级集中荷载的作用下, 板跨挠度曲线光滑, 挠度曲率平缓。同时, 各截面的挠度值关于板跨中截面基本对称。随着荷载的增大, 各点的挠度均在增大, 且挠度随荷载增加的速率变大而变大, 板跨的挠度与荷载呈非线性增长。

竹木组合板试件及实木板试件应变随荷载的增加而不断增加, 且均满足平截面假定。加载初期, 竹木组合板的拉力全部由竹片承受, 随着荷载的增大, 受拉区竹片没有受拉破坏, 中性轴随荷载的增加基本保持不变, 受压区高度基本不变, 直至受压区屈服。原木板的受拉应力在加载初期由下缘木板承受, 随着荷载的增大, 木板下缘开裂, 中性轴逐渐上移, 受压区高度逐渐减少。

相较于原木板试件, 竹木组合板的极限荷载提升了 7.14%, 抗弯刚度提升了 4.73%, 极限应变增加了 16.6%。

竹木组合板是由碎木方与竹片板组合而成, 相较于原木板试件, 具有更好的适用性和广泛性, 而且有效地降低了对木材的龄期和尺寸的要求, 提高竹材利用率, 性价比更高。

竹木组合空心圆木柱的力学特性汇总见表 4-7。

表 4-7　竹木组合空心圆木柱力学特性一览表

项目	极限荷载 N_{peak}/kN	轴向位移 f/mm	极限应力 σ/MPa	极限应变 ε_{peak}
胶合空心圆木柱	1014.5	9.20	20.66	−2282.8
竹木组合空心圆柱	1157.0	7.69	23.85	−2850.6

注: 表中数据均为第 5 章表列各组试件的平均值。

根据表 4-7 所列数据, 结合第 5 章内容, 综述如下: 胶合空心圆木柱在整个受压过程中, 各试件间的纵向应变变化态势相吻合, 主要经历弹性阶段、弹塑性阶段及塑性阶段。在弹性阶段下，应力–应变曲线斜率具有显著的线性关系。随着荷载的增大，曲线斜率逐渐减小，试件进入弹塑性阶段，直到试件达到峰值荷载。随着试件变形程度的增大，承载能力快速下降，柱中侧向变形增大并出现压屈的现象，进而木柱失去承载能力。

在受压过程中，试件横向应变变化趋势有所差别，这与试件制作误差、木节、截面弧度有关。胶合空心圆木柱在加载初期出现了较大的轴向位移，主要是由于预加载使荷载与变形关系趋于稳定，但仍存在一些空隙，故初始位移较大；随着荷载的继续增大，轴向位移均匀增大；当荷载加载到最大荷载的 80% 左右时，轴向位移达到 6 mm 左右后均突然增大，这是因为木材局部的褶皱和胶合面纵向开裂，构件失去承载能力，属于延性破坏。相比于胶合空心圆木柱，竹木组合空心圆木柱轴向位移减少了 16.4%，刚度提高明显。

将胶合空心圆木柱环形截面积换算为圆形，对比分析可得：采用胶合空心圆木柱后，计算承载力提高了 4.3%，与试验所得稳定承载力相近，稳定系数提高了 4.3%。采用空心形式后，相较同截面积的圆木柱，胶合空心圆木柱承载力有所提高，整体稳定性更好，受力性能得到了改善。

竹木组合空心圆柱在整个受压过程中，各试件纵向应变变化态势相吻合，主要经历弹性阶段、弹塑性阶段及塑性阶段。在弹性阶段下，应力–应变曲线斜率具有显著的线性关系。随着荷载的增大，曲线斜率逐渐减小，试件进入弹塑性阶段，直到试件达到峰值荷载。随着变形的增加，承载能力快速下降，柱中侧向变形增大并出现压屈的现象，进而木柱失去承载能力。

在加载过程中，试件的纵向和横向应变的线性特征愈发显著；随着荷载的增大，柱子出现了严重的拉伸应变。加载初期曲线出现了轴向位移，主要是由于进行预加载仍存在一些空隙，初始位移较大；随着荷载的继续增加，轴向位移均匀增大；加载到最大荷载的 85% 左右，轴向位移达到 5 mm 左右后均突然增大，木材局部的褶皱，构件失去承载能力。

对比分析可得：采用竹木组合空心圆木柱后，木柱的承载力提高了 2.6%，相较于相同截面积的胶合空心圆木柱，竹木组合空心圆木柱的承载力有所提高，整体稳定性更好，受力性能得到改善。

通过试验研究、理论推导与计算模拟分析可得，竹材具有良好抗力性能，利用竹木组合合理的结构形式，竹木组合梁、竹木组合板的抗弯性能明显改善，而且承载力和刚度大大提高；相比于木柱，竹木组合柱的抗压性能明显改善，体现出竹木组合构件承载优势。

第5章
现代竹木结构应用案例

5.1 竹结构应用案例

>>>

案例一：全国首例异形空间工程竹结构

生活在钢筋混凝土建筑丛林中的人们向往回归大自然，自然与建筑的融合成为21世纪的重要课题。竹结构建筑因竹材天然的色彩、形态和质感，给人以回归自然的心理感受，容易与环境要素统一协调，在园林建筑及装饰中占有重要地位。工程竹材质量小、韧性好、强度高，可以用来解决建筑中的大跨度问题。目前已经有越来越多的建筑设计师把工程竹材直接当作建筑材料使用，使其与自然景观和谐地融合在一起。

1. 方案阶段

生态，是这个项目的业主秦森园林在园林工程事业中研究最深入的领域。该项目为秦森集团在 EXPO 2019 年中国北京世界园艺博览会上的一个亮点，创意来源于"传统木匠制作木器时的刨花卷"。主体构筑物的空间形态、表现形式、材料运用，都源自秦森"用匠心感动世界"的决心。其空间形态灵感来源于木刨花天然卷曲、高低起伏的三维空间结构。工程竹材的应用恰好顺应了秦森一直秉承的"为乡土立境，为生态传神"的发展理念，也寄予了竹材一直坚守在中国竹行业的初心。图 5-1 所示为最初设计效果图。

图 5-1　最初设计效果图

2. 设计阶段

根据初步设计阶段的计算分析，与项目主创沟通后，施工图阶段坚持内外拱双层受力网格杆件的思路，并进一步优化杆件截面尺寸，尽量实现项目最初的设计意图。为了实现建筑的空间形态的要求，结合工程竹材的材料受拉强和抗剪弱的特点，结构设计采用了双层曲面网格的异形双曲面空间工程竹结构。

图 5-2 所示为内外拱受力示意图，由于单体空间形态向外倾倒，内外拱双层网格受力实现内拱受压、外拱受拉，充分发挥工程竹结构适合轴向受力的特点。内外拱在顶部采用多点连接的形式(图 5-3)，并未采用传统内外拱结构的内拱与檩条的垂直连接。这样做的最大好处是避免了结构的横纹受拉，通过特殊的节点设计将横纹受拉转换为顺纹受拉，能更好地利用材料，增加了结构的连接可靠性。

外拱曲面网格构件

内拱曲面网络构件

图 5-2　内外拱受力示意图

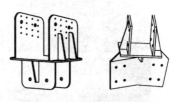

图 5-3　连接点示意图

3. 定稿

图 5-4 所示为异形空间工程竹结构总体布局图。

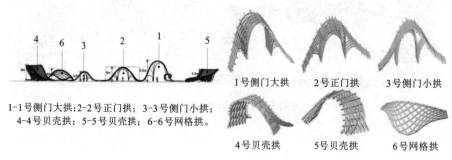

1-1号侧门大拱; 2-2号正门拱; 3-3号侧门小拱;
4-4号贝壳拱; 5-5号贝壳拱; 6-6号网格拱。

1号侧门大拱　2号正门拱　3号侧门小拱

4号贝壳拱　5号贝壳拱　6号网格拱

图 5-4　总体布局

4. 生产加工

极具美感的事物背后总有辛勤的付出和无尽的挑战,生产加工也是此次项目的重大挑战之一,尤其是金属和竹料的加工(图 5-5)。每片材料的五金构件角度都不同,所有的五金构件都非标准、带扭,需要一个个定制。连接件的精度要求高,五金构件和主材每一块的角度都不同,但追求极致的心态让我们在加工时手脑并用,对每一个五金都费尽心思,又拧又弯,只为达到追求的高标准。

图 5-5　材料加工

5. 安装阶段

图 5-6 所示为现场安装。

图 5-6　现场安装

案例二：巴厘岛上的绿色学校

设计方：PT Bambu
主要设计师：Aldo Landwehr ／ John Hardy
地点：印度尼西亚，巴厘岛

说起巴厘岛大家可能会立马联系到阳光、沙滩、碧海、蓝天，而在这片风光旖旎的土地上，还坐落着一座绿色学校(图5-7)。它位于巴厘岛的密林之中，有鱼塘、稻田、花园、厨房，但没有围墙。整个学校的建筑都是用当地常见的竹子和茅草搭建的，不仅是教室、行政楼、拱桥，甚至是桌椅、储物柜、篮球架等无一不是由竹子制成，简直将竹子的用途发挥到了极致。除了周围环境、原生态的建筑以外，学校的教育理念也旨在释放孩子的自然天性。这里的学生来自全球40多个国家和地区。除了日常的基础课学习之外，这里每个年级的学生都有自己的菜园，收获的果实由学生自己煮来吃，他们从中了解到一饭一蔬、自然生态。这里的每一寸土地都是孩子们学习的课堂。

绿色学校的创始人是约翰·哈迪与辛西娅·哈代。他们开创了高端珠宝品牌John Hardy。退休之后，一次偶然的机会，他们看了纪录片《难以忽视的真相》，也是受这部环保纪录片的影响，他们毅然决然地在巴厘岛，用他们的余生，尽其所能去回馈当地的人，回馈大自然。

图5-7 绿色学校

绿色学校位于岛上一个名叫西邦卡佳的村庄中，一片原生态的茂密丛林里。约翰和辛西娅。提倡使用竹子作为建筑材料的替代品以保护热带雨林的木材。他们建设了教室、体育馆、集会空间、职员宿舍、办公室、咖啡馆等校园建筑(图5-8)。除此之外，学校使用了各种可替代能源，包括竹屑热水烹饪系统、水力涡轮机和太阳能板等。

这个非常有巴厘岛风格的绿色学校采用了在岛上常见的天然建材，竹子柔美的外形可以做出不同形状的建筑、家具，经过加工改造的竹材可以改变它作为建筑材料原有的寿命短的缺点，能够延长最少12年的使用寿命。建筑屋顶则由椰子和糖椰子树叶、阿郎草或稻秸秆做成的茅草覆盖(图5-9)，并且建筑只有极少的墙和窗户，开阔疏朗，宽大的挑檐让室内的空间免受倾盆大雨和炎炎烈日的侵扰。

图5-8　建筑内部　　　　　　　　　　　　图5-9　建筑屋顶

　　学校在建设过程中严格秉承绿色这一原则。校园内的路面没有石油化学产品，人行道全是用手铺设的火山石，十分绿色环保。学生上学会经过一条河流——爱咏河，设计师就建造了一条横跨河流的竹吊桥——库库桥(图5-10)。桥的跨度为20 m、宽2 m，根据经验，这座桥可负载6 t，方便实用，又颇具艺术美感。

图5-10　库库桥(Ku Ku Bridge)

　　"Metapantigan"活动中心是为学校和社区建造的公共大厅(图5-11)，用来举行节日庆典、聚会和活动。它的4个主拱保证了结构刚度和稳定性，每个主拱由3株马来甜龙竹形成无柱跨距空间。踏步式台阶与建筑基础融为一体，近似圆形的活动中心内部，采用天然石材搭建成 3 排座椅。巨大的竹子结构体从地面上升，支撑起整个屋顶，同时形成了一个明亮的采光天窗。

图 5-11 "Metapantigan"活动中心

"校园之心"是学校主要公共建筑之一。它是一个双螺旋体，里面有行政机关，还有许多其他东西。建筑主体安置在 3 个线性排列的节点中心，其他功能空间以一种螺旋形的组织形式向外辐射。每个锚定点由多根高达 16~18 m 的竹子交织组成的通高圆柱支撑起整个建筑，为校园之心高耸的 3 层空间提供了结构构件。柱子与屋顶的交界处是一个木制圆环，形成了屋顶天窗。

这座建筑由工程师策划和建造，当地的木工们用竹尺子衡量，挑竹子来造建筑。利用古老的技术，建筑大部分用手工完成。"校园之心"（图 5-12~5-15）共用了 7000 m 的竹子，从地基完成时算起，三个月内就建成了地板和屋顶。它可能不是世界上最大的竹制建筑，但很多人相信，它是最美的。

图 5-12 "校园之心"外观

图 5-13 "校园之心"内部

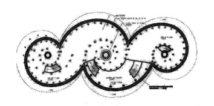

图 5-14　"校园之心"一层平面

图 5-15　"校园之心"东立面

　　绿色学校在很多方面具有重要意义，它是巴厘岛的模型，也是全世界的模型，但最关键的是，它提出了人类绿色生活的方式。2010 年，绿色学校凭借其出色的环保建筑设计，获得了香港设计中心"亚洲最具影响力设计大奖"和"可持续发展特别奖"两项荣誉。

　　绿色学校的建立犹如一颗种子，它播种在孩子之中、在当地人之中、在世界人民之中。它传播着一种信念：以自身的资源去发展。而这种发展才是可持续的，是具有特色的。孩子们生活在其中，回归自然，找到真我，去学习和欣赏自然环境，这比无穷无尽的补习班和掌上游戏有意义得多。

　　竹建筑材料在未来绿色设计中发挥的作用是非常关键的。它具有文化底蕴、历史传统、技术创新和未来前景。中国作为一个盛产竹子的国家，或许可以从绿色学校的这个实践之中获得一些启示，建设多一些能够造福后代的可持续发展的建筑。这将会是一份给自己和后代的承诺。

5.2　木结构应用案例　>>>

案例一：浙江东阳凤凰谷天澜酒店木结构度假别墅

业主单位：东阳市歌山凤凰谷生态观光农业有限公司

建筑设计单位：中天建筑设计研究院

方案设计团队：米川工作室，梅冬杰、陈浩

木结构设计及施工单位：加拿大 DV 公司

该建筑在着手开发二期之初，就将木结构列为规划重点，并最终选择了由加拿大木业提供的来自加拿大合法林区的各种木材，作为别墅搭建的主要材料。选择木结构的原因，一是别墅身处绿水青山的环抱中，酒店业主希望别墅在材料上可以自然地融入当地环境。木本身就生长于土地，相对于传统的砖混结构或钢结构别墅，木结构别墅更能与当地环境对话，生动诠释自然的宁静优美。二是，作为旅游度假居所的别墅，业主希望用建筑本身的乐活自然之感，带给居住者不同的旅居体验。人们喜爱木材、亲近木材是天生的，且木材是会呼吸的材料，能够自动调节室内温湿度，居住其中，体感天然舒适。三是，出于非常实际的经济考量，木结构建筑自身的特点决定了它搭建方便、快速、灵活。实际上，别墅三栋样板房从设计到建造完成仅用时三个月，这是一个使用其他材料不可能完成的任务。

确定了建筑概念以后，对于具体的木结构形式的选择，业主特地请来了具有丰富木结构设计经验的工程师郭苏夷博士。最终，三栋别墅的主体结构采用了北美花旗松胶合木(Douglas Fir Glulam)梁柱式结构与云杉松–冷杉(SPF)轻型木结构的混合结构体系(图5-16~5-18)。

图5-16　总体鸟瞰图

图5-17　木运用

图 5-18　混合体系

胶合木梁柱结构的承重构件——梁和柱采用胶合木制作而成,并用金属连接件连接,组成共同受力的梁柱结构体系。由于梁柱式木结构抗侧刚度小,因此柱间通常需要加设支撑或剪力墙,以抵抗侧向荷载作用。胶合木梁柱结构赋予了别墅开阔舒适的会客和公用空间,为室内和室外的对话提供有趣的界面(图 5-19)。而轻型木结构在这一别墅项目中,则应用于相对私密的生活空间,舒适度高而且分隔灵活(图 5-20)。轻型木结构主要采用规格材、木基结构板材或石膏板制作的木构架墙体、木楼盖和木屋盖系统。轻型木结构构件之间的连接主要采用钉连接,部分构件之间也采用金属齿板连接和专用金属连接件连接。轻型木结构具有施工简便、材料成本低、抗震性能好的优点。

图 5-19　室内和室外的对话

图 5-20　室内轻型木

　　现代木结构建筑可以被理解为大型的"乐高玩具"（图 5-21），是一种装配式建筑。装配式木结构建筑，在工厂可将基本单元制作成预制板式组件或预制空间组件，也可将整栋建筑进行整体制作或分段预制，再运输到现场后，与基础连接或分段安装建造。在工厂制作的基本单元，也可将保温材料、通风设备、水电设备和基本装饰装修一并安装到预制单元内，装配化程度很高。胶合木构件和轻型木结构均可以采用预制加工，实现更高的预制率和装配率。其中，轻型木结构的预制基本单元主要有以下几类：

　　①预制墙板：根据房间墙面大小将一片墙进行整体预制或分块预制成板式组件。预制墙板也分为承重墙体和非承重的隔墙。

　　②预制楼面板和预制屋面板：根据楼面或屋面的大小，将楼面搁栅或屋面椽条与覆面板进行整体连接，并预制成板式组件。

　　③预制屋面系统：根据屋面结构形式，将屋面板、屋面桁架、保温材料和吊顶进行整体预制，组成预制空间组件。

　　④预制空间单元：根据设计要求，将整栋木结构建筑划分为几个不同的空间单元，每个单元由墙体、楼盖和屋盖共同构成具有一定建筑功能的六面体空间体系（图 5-22）。

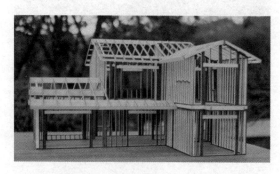

图 5-21　木结构别墅 A 户型模型

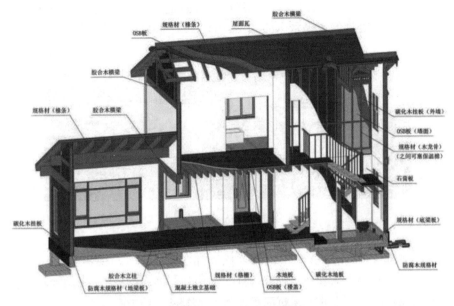

图 5-22　A 户型结构剖面图

从建筑面积最大的 A 户型剖面图不难看出,在现代木结构中,通过合理的设计和构造,借助现代的技术手段,可以扬长避短地发挥木材的特点和优势。此外,木结构保温节能,在长期使用上有着长尾的经济效应(图 5-23)。木材是优良的隔热材料,其热阻值是钢材的 400 倍,是混凝土或砖的 10 倍。

图 5-23　建筑立面使用天然耐腐的加拿大西部红柏

A 户型为中式风格。A 户型为了营造东方意境（图 5-24），特地在室内采用了大量高温碳化处理的黄桦木（yellow birch），黄桦木细腻的纹理经过高温炉火的锤炼，透出自然的光泽和稳定耐久的性格。

图 5-24　A 户型外观

B 户型为日式风格。B 户型也是一栋局部两层的别墅（图 5-25），主体结构形式和 A 户型保持一致，利用胶合木框架结构和轻型木结构的混合结构形式，打造了和式风格的田园方寸。建筑面积比 A 户型略小，约 160 m²。

图 5-25　B 户型外观

室内通过浅色的加拿大枫木（图 5-26），营造出自然而不造作的和式屋院。

图 5-26　室内采用浅色加拿大枫木

除了木材的合理使用，在屋面瓦材的选择上，专门从日本进口了精美的烧制陶土和瓦（图 5-27）。每当山间细雨朦胧，看着雨滴从陶瓦落下也是木别墅的别样体验。

图 5-27　日式庭院，屋瓦选用从日本进口的烧制陶土

C 户型为美式风格。C 户型相对于 A 户型和 B 户型而言，小巧而轻松，是一栋建筑面积约 98 m² 的单层别墅（图 5-28）。各种不同产地和质地的木材在这里打造美式惬意。

图 5-28　C 户型外观

值得一提的是屋面瓦材的选择，项目选择了来自加拿大的西部红柏实木瓦材（图 5-29），西部红柏是一种天然耐腐蚀且尺寸稳定性非常好的木材，在北美很多百年以上的土著图腾都是采用这种材料雕刻而成。

歌山凤凰谷木结构别墅，可以说是这句话的绝佳演绎：别墅所用所有木材来自加拿大木业的合法林区，这些林区都严格遵循可持续发展策略，每一根材料从出厂到最后环节都可以有源可溯；木结构最初来自一棵小树苗，小树苗生长过程中大量吸收二氧化碳，放出氧气，每使用 1 m³ 的木材相当于固碳 1 t，所以木结构本身就是一种负碳材料；木结构建筑在其生命周期的终章依然不会被浪费，90%建筑材料可以被循环利用，用作其他建筑材料或者作为能源燃烧。可以说，木材的一生，与度假别墅想要讲述的亲近自然、认识自然的诉求完美契合，既有东方建筑的哲性美学，又有北美木构的舒适性能。登上别墅后山的木质观鸟台，听鸟儿与木头在凤凰谷的青山绿水间，生动轻柔地吟唱一曲关于自然的现代诗歌。

图5-29 屋瓦采用加拿大西部红柏实木瓦材

5.3 竹木组合结构应用案例

>>>

案例：桂林日月泉民宿竹木建筑工程

随着旅游风景区逐渐完善，除了自然特色以外，生态餐饮产业逐步发展出它的艺术特色：竹木结构造园艺术被容纳其中——亭台楼阁、古木繁花，竹木木结构建筑艺术让旅游风景区再次焕发活力，也为投资者迎来大批的客人。正是这种独特的艺术性，让旅游风景区走出结构形式发展的限制，在国内开始遍地生花。

桂林日月泉民宿竹木建筑工程项目(图5-30)坐落于广西桂林市临桂区，由桂林日月泉旅游开发有限公司投资。设计施工秉承绿色、生态、休闲的理念，采用竹木设计，因地制宜，在休闲农业与乡村旅游星级创建的契机下，将竹木屋建设与科技农业及休闲旅游观光相结合，开创乡村休闲旅游农业的新路子。此项目总建筑面积达3000余 m^2，涵盖了餐厅、住宿、娱乐配套设施，已于2017年2月开工。

图 5-30　民宿建筑虚拟图

　　该项目采用竹木结构，墙体采用的是木结构，内外装饰采用的是竹装饰（图 5-31）。

图 5-31　民宿室内竹木家具

参考文献

[1] SZUMIGAŁA E, SZUMIGAŁA M, POLUS Ł. A numerical analysis of the resistance and stiffness of the timber and concrete composite beam[J]. Civil and Environmental Engineering Reports, 2015, 15(4): 139-150.

[2] KITAMURA H. Study on the Physical Properties of Bamboo[J]. Journal of the Japanese Forestry Society, 1958, 40(9): 403-406.

[3] 陈国, 张齐生, 黄东升, 等. 腹板开洞竹木工字梁受力性能的试验研究[J]. 湖南大学学报(自然科学版), 2015, 42(11): 111-118.

[4] 张晋, 沈浩, 高森, 等. 体内预应力胶合木梁抗弯承载能力研究[J]. 湖南大学学报(自然科学版), 2018, 45(5): 134-142.

[5] 刘可为. 中国现代竹建筑[M]. 北京: 中国建筑工业出版社, 2019: 32-33.

[6] LIU K W. Modern bamboo architecture in China[M]. Beijing: China Architecture & Building Press, 2019: 32-33.

[7] 熊海贝, 康加华, 吕西林. 木质组合梁抗弯性能试验研究[J]. 同济大学学报(自然科学版), 2012, 40(4): 522-528.

[8] 梁思成. 中国建筑史[M]. 天津: 百花文艺出版社, 1998.

[9] 任海清. 中国木结构高质量发展[R]. 湖南: 中国林业科学研究院 木材工业研究所, 2018.

[10] 任海清. 中国木结构高质量发展[R]. 湖南: 中国林业科学研究院 木材工业研究所, 2018.

[11] SORIANO J, PELLIS B P, MASCIA N T. Mechanical performance of glued-laminated timber beams symmetrically reinforced with steel bars[J]. Composite Structures, 2016, 150: 200-207.

[12] SUN Xiaofeng, HE Minjuan, LI Zheng. Novel engineered wood and bamboo composites for structural applications: State-of-art of manufacturing technology and mechanical performance evaluation[J]. Construction and Building Materials, 2020, 249: 118751.

［13］ CHEN Q, BAO Y M, XIE Xinghua, et al. Experimental study on bending property of bamboo-reinforced solid wood composite board［J］. Journal of Physics: Conference Series, 2020, 1637: 12044.

［14］ 李频, 陈伯望. 结构用重组竹抗弯性能试验研究［J］. 建筑结构, 2020, 50(2): 116, 117-121.

［15］ 徐济德. 我国第八次森林资源清查结果及分析［J］. 林业经济, 2014, 36(3): 6-8.

［16］ 李智勇. 日本林业及木材市场［J］. 林业科技通讯, 1994 (6): 3.

［17］ A hollow composite column of solid wood with bamboo tendon and manufacture method thereof: 2020101684［P］. Australian 2020-08-05.

［18］ 张青萍. 现代木质建筑在中国发展前景分析［J］. 南京林业大学学报(人文社会科学版), 2004, 4(1): 71-75.

［19］ 陈晓扬. 现代竹结构建筑研究［J］. 建筑与文化, 2010(7): 108-109.

［20］ 国家林业局. 第八次全国森林资源清查结果［J］. 林业资源管理, 2014 (1): 1-2.

［21］ 肖波, 陈强, 刘圣贤, 等. 竹筋实木组合板小变形阶段受弯性能试验研究［J］. 湖南城市学院学报(自然科学版), 2018, 27(6): 10-13.

［22］ XIAO B, CHEN Q, LIU S X, et al. Experimental study on bending behavior of bamboo-reinforced wood composite board in small deformation stage［J］. Journal of Hunan City University (Natural Science), 2018, 27(6): 10-13.

［23］ 肖岩, 杨瑞珍, 单波, 等. 结构用胶合竹力学性能试验研究［J］. 建筑结构学报, 2012, 33(11): 150-157.

［24］ CHEN Q, LANG J K, Wang J, et al. Flexural properties of bamboo-log composite beam［J］. Journal of Engineering Science and Technology Review, 2018, 11(3): 104-112.

［25］ OKNIO C. Studies on the properties of bamboo stem［J］. Journal of the Japanese Forestry Society, 1950, 32: 179-181.

［26］ CHEN Q, LIU L Y, Wang J J, et al. Flexural behavior of bamboo-reinforced solid timber plate［J］. Journal of Engineering Science and Technology Review, 2019, 12(5): 104-111.

［27］ 潘谷西. 中国建筑史［M］. 6 版. 北京: 中国建筑工业出版社, 2012.

［28］ 沈搏, 陈强, 谭聪, 等. 竹筋实木组合空心柱的制作与力学性能试验［J］. 四川建材, 2020, 46(1): 62-64.

［29］ 陈强, 郎健珂, 王丽峰, 等. 竹-原木组合梁受弯承载力试验与数值模拟［J］. 中南林业科技大学学报, 2020, 40(4): 120-126.

［30］ 叶克林, 吕建雄, 殷亚方. 我国高强度结构材加工利用技术的研究进展［J］. 木材工业, 2009(1): 4-6.

［31］ FOSCHI R O. Reliability of wood structural systems［J］. Journal of Structural Engineering, 1984, 110(12): 2995-3013.

［32］ CHEN Q, LANG J K. Identification on rock and soil parameters for vibro-cutting rock by disc cutter based on fuzzy radial basis function neural network[J]. MATEC Web of Conferences, 2018, 175: 03073.

[33] 陈林, 刘伟庆, 方海. 新型竹—木—GFRP 夹层梁的受弯性能试验[J]. 广西大学学报(自然科学版), 2012, 37(4): 614-622.

[34] 虞华强, 袁东, 张训亚, 等. 竹木复合地板变形有限元模拟[J]. 建筑材料学报, 2011, 14(6): 793-797.

[35] 郎健珂, 陈强, 王解军. 竹-短木组合梁受弯性能试验研究[J]. 中南林业科技大学学报, 2019, 39(7): 123-129.

[36] 吴章康, 张宏健, 黄素涌, 等. 竹木复合中密度纤维板工艺条件的研究[J]. 木材工业, 2000(3): 7-10.

[37] 李玲, 李大纲, 徐平, 等. 托盘用竹木复合层合板在疲劳/蠕变交互作用下断裂损伤研究[J]. 包装工程, 2007, 28(1): 4-6.

[38] 陈强. 服役 RC 梁桥 CFRP 板加固后的动态可靠度分析[J]. 重庆交通大学学报(自然科学版), 2016, 35(5): 5-8, 21.

[39] 王云鹤. 预应力胶合竹-木梁中竹木选材试验研究[D]. 哈尔滨: 东北林业大学, 2015.

[40] 竹筋实木组合空心柱的制作工艺与力学性能-益阳市科技计划项目.

[41] 重庆大学, 中国新兴保信建设总公司, 四川大学, 等. 木结构试验方法标准[Z]. 2012.

[42] 哈尔滨工业大学, 中国矿业大学, 青岛理工大学, 等. 建筑用竹材物理力学性能试验方法[Z]. 中华人民共和国建设部, 2007: 32.

[43] 竹筋实木组合板与榫接研制与力学性能实验(编号: HELFMTS1703)-现代木结构工程材制造及应用技术湖南省工程实验室开放基金。

[44] 木结构设计手册编委会. 木结构设计手册[M]. 3 版. 北京: 中国建筑工业出版社, 2005.

[45] 中华人民共和国住房和城乡建设部. 木结构设计标准 GB 50005—2017. [S]. 北京: 中国建筑工业出版社, 2017: 1.

[46] 淳庆, 潘建伍, 包兆鼎. 碳-芳混杂纤维布加固木梁抗弯性能试验研究[J]. 东南大学学报(自然科学版), 2011, 41(1): 168-173.

[47] FURTMÜLLER T, ADAM C. An accurate higher order plate theory for vibrations of cross-laminated timber panels[J]. Composite Structures, 2020, 239: 112017.

[48] ORLOWSKI K. Failure modes and behaviour of stiffened engineered timber wall systems under axial-loading[J]. Structures, 2020, 25: 360-369.

[49] VÖSSING K J, GAAL M, NIEDERLEITHINGER E. Imaging wood defects using air coupled ferroelectret ultrasonic transducers in reflection mode[J]. Construction and Building Materials, 2020, 241: 118032.

[50] TRAN T B, BASTIDAS-ARTEAGA E, AOUES Y. A Dynamic Bayesian Network framework for spatial deterioration modelling and reliability updating of timber structures subjected to decay[J]. Engineering Structures, 2020, 209: 110301.

［51］ LI R S, HAN J M, GUAN X, et al. Crown pruning and understory removal did not change the tree growth rate in a Chinese fir（Cunninghamia lanceolata）plantation［J］. Forest Ecology and Management, 2020, 464：118056.

［52］ 张莉. 碳纤维布加固木梁的受力性能研究［D］.南京：南京林业大学, 2011.

［53］ 李桥, 宋焕, 王志强. 竹/木销连接组合木梁抗弯性能研究［J］.西北林学院学报, 2012（9）：19-24.

［54］ 李岚, 朱霖, 朱平. 中国竹资源及竹产业发展现状分析［J］.南方农业, 2017, 11（1）：6-9.

［55］ 王登举, 李智勇, 樊宝敏. 中国竹产业发展中的投融资及税费问题［J］.世界竹藤通讯, 2006, 4（1）：31-33.

［56］ GB 50206—2002. 木结构工程施工质量验收规范［S］.

［57］ 费本华, 王戈, 任海青, 等. 我国发展木结构房屋的前景分析［J］.木材工业, 2002, 16（5）：6-9.

［58］ 朱光前.中国木材市场现状、存在问题和发展建议［J］.林产工业, 2003, 2.

［59］ 杨孝博, 王解军, 陈强, 等. 空心胶合木柱轴心受压性能研究［J］.中南林业科技大学学报, 2020（3）：153-159.

［60］ 刘圣贤, 陈强, 刘孙昆, 等. 竹筋实木组合板的制作流程与试验方法设计［J］.四川建材, 2018, 44（8）：23-24.

［61］ 吴宜修.一种竹木复合方柱及其制备方法：CN106625960B［P］2017-5-10.

［62］ XU H P, LI J, LI M X, et al. A statistics-based study on wood presentation of modern wood building facades［J］. MATEC Web of Conferences, 2019, 275：01016.

［63］ 李霞镇, 任海青, 钟永. 现代竹结构建筑在我国的发展前景［C］//中国木结构技术及产业发展高峰论坛, 2011.

［64］ The manufacturing method and application of CL bamboo-wood composite structure material［P］. 发明专利（2021/06221）.

［65］ 陈强, 陈平, 刘灵勇, 等. 一种装配式竹筋实木组合空心板及其制作方法：ZL 201710587872.6［P］2020-11-10.

［66］ 陈玫琼. 现代竹型材产品的设计特征分析［J］.工业设计, 2019（1）：98-99.

［67］ 竹木组合柱研发与工作机理研究（编号：2021JJ50140）-湖南省自然科学基金省市联合基金项目.

［68］ BRANDNER R, FLATSCHER G, RINGHOFER A, et al. Cross laminated timber（CLT）：overview and development［J］. European Journal of Wood and Wood Products, 2016, 74（3）：331-351.

［69］ 张婷婷, 孙巧, 孙雪敏, 等. 正交胶合木的研究现状及国产化展望［J］.林业机械与木工设备, 2017, 45（1）：4-7.

［70］ GB/T 1938—2009. 木材顺纹抗拉强度试验方法［S］.

［71］ GB/T 1929—2009. 木材物理力学试材锯解及试样截取方法［S］.

[72] GB/T 14017—2009. 木材横纹抗拉强度试验方法[S].

[73] GB/T 1935—2009. 木材顺纹抗压强度试验方法[S].

[74] GB/T 1928—2009. 木材物理力学试验方法总则[S].

[75] GB/T 1939—2009. 木材横纹抗压试验方法[S].

[76] GB/T 1936.1—2009. 木材抗弯强度试验方法[S].

[77] GB/T 1931—2009. 木材含水率测定方法[S].

[78] GB/T 1937—2009. 木材顺纹抗剪强度试验方法[S].

[79] GB 50005—2017. 木结构设计标准[S].

[80] GB/T 50708—2012. 胶合木结构技术规范[S].

[81] GB 50005—2003. 木结构设计规范[S].

[82] 杨健, 孙强, 于鑫鑫. 徽州传统建筑木梁修缮方法及其数值分析[J]. 黑龙江工程学院学报, 2020, 34(1): 12-16.

[83] 周乾. 基于扩展有限元分析技术的古建木梁裂纹扩展仿真(英文)[J]. 科学技术与工程, 2014(24): 19-24.

[84] LI R H, HAN J M, GUAN X, et al. Crown pruning and understory removal did not change the tree growth rate in a Chinese fir (Cunninghamia lanceolata) plantation[J]. Forest Ecology and Management, 2020, 464: 118056.

[85] CHEN Q, CHEN C Y, YU F, et al. Experimental study on CFRP strengthening hollow wooden column and strengthening [C] The 6th international conference o environmental scienence and Civil engineering, 2020(1): 54-60.

[86] MIRRA M, RAVENSHORST G, VAN DE KUILEN J W. Experimental and analytical evaluation of the in-plane behaviour of as-built and strengthened traditional wooden floors [J]. Engineering Structures, 2020, 211: 110432.

[87] LAMOTHE S, SORELLI L, BLANCHET P, et al. Engineering ductile Notch connections for composite floors made of laminated timber and high or ultra-high performance fiber reinforced concrete[J]. Engineering Structures, 2020, 211: 110415.

[88] YANG J Q, SMITH S T, WANG Z Y, et al. Modelling of hysteresis behaviour of moment-resisting timber joints strengthened with FRP composites [J]. International Journal of Mechanical Sciences, 2020, 179: 105593.

[89] 李晓枫. 工具式组合木梁承载力分析[J]. 黑龙江工程学院学报, 2014(4): 21-24.

[90] 狄生奎. 均布荷载作用下预应力木梁强度与挠度的计算[J]. 结构工程师, 2000, 16(3): 18-20.

[91] 邢艳芳, 王文庆, 李桃桃. 提高叠加木梁承载能力的研究[J]. 农机化研究, 2001, 23(2): 47-48.

[92] 袁书成, 董江峰, 王清远, 等. 受损木梁的抗弯加固试验与承载力计算分析[J]. 应用数学和力学, 2014(S1): 23-28.